译者简介

任烨

中国科学院大学工学博士，现就职于浙江赛思电子科技有限公司。从事时间频率传递和卫星导航方向的研究，参与国家重大专项关键技术攻关项目、国家自然科学基金重点项目等。参与的“卫星导航系统时间监测评估技术”获得陕西省科学技术进步奖二等奖。

刘娅

理学博士，研究员，中国科学院国家授时中心时间频率测量与控制研究室副主任，博士生导师，陕西省青年科技新星、陕西省科普专家宣讲团首席科普专家，中国科学院青年创新促进会会员。从事时频测量与传递方法研究，研制了多通道频率稳定度分析仪、卫星双向移动校准站、标准时间复现设备等仪器，实现高精度的时频测量，时频传递，测量能力达到国际水平。

李孝辉

二级研究员，博士生导师，中国科学院国家授时中心副主任，国家卫星导航重大专项专家组成员。长期致力于卫星导航、时间频率的研究，主持国家自然科学基金重点项目、国家重大专项关键技术攻关项目、863 项目等。出版有学术专著《时间频率年的精密测量》《卫星导航时间基础》以及科普著作《时间的故事》《导航 1 号档案》《北京时间》《时间的真相》等，多次获得国家级、省部级优秀科普作品。

从日晷到原子钟

时间计量的奥秘

FROM SUNDIALS TO ATOMIC CLOCK

UNDERSTANDING TIME AND FREQUENCY

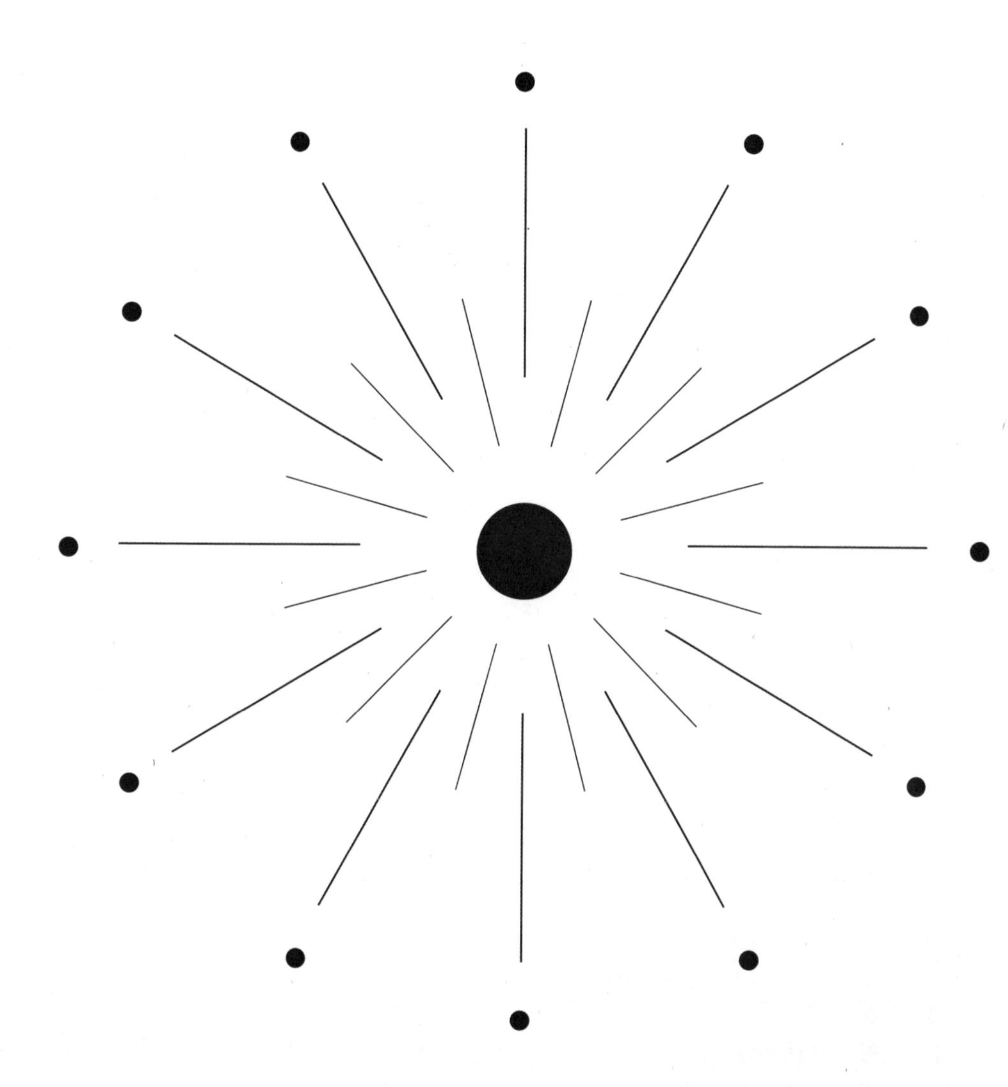

[美] 詹姆斯·杰斯帕森 [美] 简·菲茨－伦道夫 著
任烨 刘娅 李孝辉 译

浙江教育出版社·杭州

图书在版编目（CIP）数据

从日晷到原子钟 ：时间计量的奥秘 /（美）詹姆斯·杰斯帕森，（美）简·菲茨-伦道夫著 ；任烨，刘娅，李孝辉译. -- 杭州 ：浙江教育出版社，2022.2

书名原文：From Sundials to Atomic Clock: Understanding Time and Frequency

ISBN 978-7-5722-2629-8

Ⅰ. ①从… Ⅱ. ①詹… ②简… ③任… ④刘… ⑤李… Ⅲ. ①时间计量－普及读物 Ⅳ. ①TB939-49

中国版本图书馆CIP数据核字(2021)第222239号

从日晷到原子钟：时间计量的奥秘

CONG RIGUI DAO YUANZIZHONG: SHIJIAN JILIANG DE AOMI

［美］詹姆斯·杰斯帕森 ［美］简·菲茨－伦道夫 / 著

任 烨 刘 娅 李孝辉 / 译

责任编辑 江 雷　**美术编辑** 韩 波
责任校对 高露露　**责任印务** 沈久凌
封面设计 观止堂_未氓　**插 画** 羽 立

出版发行 浙江教育出版社（杭州市天目山路 40 号 电话：0571-85170300-80928）
图文制作 杭州林智广告有限公司
印 刷 杭州佳园彩色印刷有限公司
开 本 710mm × 1000mm 1/16
印 张 16.5
字 数 270 000
版 次 2022 年 2 月第 1 版
印 次 2022 年 2 月第 1 次印刷
标准书号 ISBN 978-7-5722-2629-8
定 价 58.00 元

前言

距这本书第一版出版已有二十余年。在过去的这些年中，人造卫星已经司空见惯；电脑进入了寻常百姓家；每天有千万条数字信息在城市与国家之间通过通信卫星和光纤传输；天文学家们已经确定了黑洞的存在；研究人员可以控制单个或者一小组原子。这些变化深刻地影响着计时和时间传递技术，以及人类对时间和空间本质的理解。

新的一版中，我增加了六章新内容，同时还对第一版的一些章节做了修订。我会介绍以上出现的这些事情，当然，还有更多。

最初，我希望本书适用于普通读者。因此，本书选取了折中的方式，介绍了在科学和技术领域的时间概念、计时和时间的应用技术。但随后我发现，我的很多同事也会通过阅读本书的某些章节来温习相关的知识。当然，这也不奇怪。时间和频率技术的产生、存在和应用其实已经成为一门很大的学科，具有一定的独立性。虽然第二版没有试图给出深度的、教科书式的呈现，但我希望在便于读者理解的基础上，仍旧保持科学的整体性。

在 1988 年，美国国家标准局（NBS）改名为美国国家标准与技术研究院（NIST）。虽然我仍对 NBS 这个名字保有感情，但最终还是在本书中使用了 NIST 这个新称呼。

詹姆斯·杰斯帕森（James Jespersen）

第一版前言

本书针对初学者，介绍了科学技术领域有关时间、计时和时间信息的应用。为了在有限的篇幅中提供关于时间的全貌，本书基本摒弃了历史和哲学层面的时间和计时知识，我们希望历史学家和哲学家们原谅本书中几乎忽略了他们对人类理解时间这个概念所做的重要贡献，也请科学家们理解我们对一些关于时间的科学思想的简单叙述。

时间是从天文到核物理等众多重要的科学领域中一个重要的组成部分。它在我们日常生活中——如准时上班——等数不胜数的甚至往往被人们忽略的地方，都扮演着重要的角色。

由于时间联系着广泛的领域，我们在本书中引入了一种致力于使所有学科的读者都能够理解的统一语言和定义。这种折中方式也适用普通读者。今天，美国和世界其他国家都尽量使用公制测量系统，本书也在使用。当然，我们也用十亿和兆这样的单位。十亿是 1000 个百万；兆是 1000 个十亿。另外，因为有些国家用逗号作为十进制符号，为了避免混淆，对于超过 4 位的数值，本书用空格而不是用逗号将其隔开。

在各章节中，设置了“链接”栏目，这是对于想要拓展更多知识的人准备的。属于选择性阅读。当然，对于想要进入下一章节的读者来说，跳过这部分知识不会妨碍阅读。

致谢

正如本书前言中提到的，时间和频率已是一门很大的学科，现在没有一个人可以掌握其中的所有知识。因此，若无众人协力，本书也无法成型。第一版很大程度得益于詹姆斯·A.巴恩斯（James A. Barnes）的鼓励和支持，他也是第一位有写作此书想法的人。第一版也承蒙乔治·卡马斯（George Kamas）的"魔鬼"式拥护。在很多朋友的重要和具有建设性建议的帮助下，本书的很多概念得以扩展和明晰。这些朋友是：罗杰·E.毕和乐（Roger E. Beehler），乔·埃默里（Jo Emery），赫尔穆特·黑尔维希（Helmut Hellwig），桑德拉·豪（Sandra Howe），豪兰·福勒（Howland Fowler），斯特凡·贾维斯（Stephen Jarvis），罗伯特·马勒（Robert Mahler），大卫·罗素（David Russell），科利尔·史密斯（Collier Smith），约翰·霍尔（John Hall），威廉·克莱普斯基（William Klepczynski），以及尼尔·阿什比（Neil Ashby）。最后，乔安妮·杜根（Joanne Dugan）对本书手稿做了充分的整理，她努力地完成了修改和重写的工作。马特·杨（Matt Young）有一双天使般的双眸，他提出了很多出乎我意料的改进本书的方法。芭芭拉·詹姆森（Barbara Jameson）将很多看似无关的想法联系到了一起，而埃迪·德威斯（Edie DeWeese）纠正了很多错误。

和第一版一样，本书的第二版也获得了很多人的帮助。首先是NIST时间和频率部的主任唐·沙利文（Don Sullivan），如他的前任吉姆·巴恩斯（Jim Barnes）一样，给我们提供了很多支持和有益的建议。没有他的帮助，第二版也不会出现。

我同样要感谢如下的朋友，他们对本书不同的章节提出了宝贵的意见：弗雷德·沃尔斯（Fred Walls），迈克·隆巴尔迪（Mike Lombardi），戴夫·瓦恩兰（Dave Wineland），马克·韦斯（Marc Weiss），克里斯·门罗(Chris Monroe)，约翰·博林杰(John Bollinger)，梁军(Jun Liang)。

第一版的成功得益于新颖的构思。所幸，达尔·迈纳（Dar Miner）也沿袭了这个传统。

最后，感谢格温·贝内特（Gwen Bennett），他不仅辨认出了我潦草的笔迹，还完成了手稿的整理。

谨以此书献给为人类对时间的认识做出贡献和对本书各章节贡献宝贵意见的人们，特别是本书其中一位作者的父亲安德鲁·詹姆斯·杰斯帕森（Andrew James Jespersen），他为铁路服务了40年，对精确时间的理解很深刻。

目　录
contents

I　时间难题

1 神秘的时间

· 它无处不在，但是它又不占空间。

· 我们可以测量它，但却看不到、摸不着、摆脱不了，更留不住它。

· 每个人都知道它，每天都用到它，但没人能定义它。

· 我们可以消耗它、节省它、浪费它或者用光它，但我们无法破坏它，甚至改变不了它，它既不会增加，也不会减少。

以上特征都指向时间。牛顿、笛卡尔和爱因斯坦等科学家花费很多年来学习、思考和辩论，希望能给出时间的定义，但始终没有得到一个满意的答案。今天的科学家还在继续努力。关于时间的问题依旧令人困扰，不断给人们带来挑战。当应用物理学家开始追寻难以捉摸的时间定义的时候，他们都恨不得变成哲学家，甚至成为思辨家。

关于时间的学术和哲学属性已有很多论述，它存在于我们日常生活的方方面面，并且扮演着非常重要的角色。这也是本书要探讨的问题。

时间的性质

时间是数学公式和物理方程的必要组成部分。它是七个基本物理量之一（其他是长度、温度、质量等）。但时间与长度、温度、质量有很大的不同。例如：

· 我们可以看到距离，我们可以感受到质量和温度；但是我们看不到、听不到、摸不到、闻不到也尝不到时间。我们仅仅能通过意识或观察来了解它。

· 时间飞逝，并且它仅向一个方向运动。我们可以往任意方向移动，既可以从纽约到旧金山，也可以从旧金山到纽约；我们可以从任意一点开始，测量地上小麦的质量，并且可以继续测量下一堆小麦的质量。但是当对象是时间时，即使用最简单的描述，也只能将它分为现在、过去和未来。我们不可能在过去或未来做任何事，任何行动只能发生在现在。

- “现在”一直在变。我们买一把米尺、一杆秤、一支温度计。然后将它们放在抽屉或者橱柜内，需要使用时拿出来测量。我们也许一天、一周或者十年不使用它们。但当需要时，仍可将它们取出使用。但是，对于一部计时的钟表，如果我们把它放在抽屉里一段时间，除非它持续工作，否则这只钟表将无法使用，我们需要借助其他方式重启它。
- 我们给朋友写一封信，可以问他高尔夫球杆多长，或者保龄球多重，他给我们回复的信息是有价值的。但是，如果我们写信问“现在几点了”，他在回信的时候将会非常茫然。很显然，在他写下这个时间的时候，这个时间已经不再有用了，因为“现在”已成为“过去”。

时间的飞逝、不确定等性质，使对它的测量要比对长度、质量和温度的测量更为复杂。即使这样，很多基本物理量的单位尺度还是由时间定义，我们将在本书第 22 章中讲到这一点。

时间是什么?

时间是一个物理量，它可以通过机械的、电子的或者具有其他物理属性的钟表观察或测量。字典里对时间的定义给出了一些有趣的描述:

《美国传统词典》的定义是: 时间是指一个非空间连续系统，事件在其中以从过去到现在再到未来这样一个明显不可逆的序列发生。在这个连续系统中，人们往往用两点分割出一个区间，对这个区间的界定则是通过选择一个重复规律发生的事件并以其重复发生的次数计数。

《韦伯新大学词典》的定义是: 时间——①一个动作、过程等持续的周期……⑦一个明确的时刻、小时、天或者年; 能在钟表或者日历上显示。

在“时间是什么”这个问题上，人们一部分的分歧在于试图用“时间”这一个词来表达两个不同的含义。一个是“时刻”，即事件发生的时间; 另一个是时间间隔，即两个事件间隔时间的长度。这个区别对时间测量具有关键而基础的意义，我们将在下文中用大量篇幅阐述。

时刻、时间间隔、时间同步

人们通过计数一个周期性事件的重复次数和将整周期分割成多个更小的间隔来记录一件事发生的时刻。这里所说的周期性事件可以是太阳在天空中固定点出现、地球绕太阳运动等。事件的时刻，可以是 1961 年 2 月 13 日 8 时 35 分 37.27 秒；在 24 小时制下，14 时是下午的两点。

在学术领域，导航、卫星跟踪和测地学常用历元表示“时刻”。但是，“历元”表述的模糊度很大，相较而言，“时刻”表述更准确，不会与其他用法矛盾，因此更为常用。

时间间隔可以与一个特定的时刻相关联。例如，记录一匹马的比赛时间，关注的是从马离开栅栏到它越过终点线之间所经过的分、秒和几分之一秒的总数，而时刻则只记录一匹马在某天的某时到达了某个赛道的终点。

时间间隔是时间同步中一个很重要的概念，同步的意思就是时刻相同。如两军队在分开以前将他们的时间对准，然后在某个约定时刻，从相隔几千米的地方同时袭击敌人。对于打电话的两个人，通信设备一般不会对他们交谈的时刻感兴趣，也不会关注他们交谈了多久，但通信设备之间必须实现时间同步，否则，他们谈话信息的传输就会混乱。一些精密的电子系统，例如通信系统、导航系统和飞机防撞系统，可能对时刻的准确度要求不高，但是可能要求精确的时间同步。

目前，将两个时间测量设备同步到十亿分之一秒（1 纳秒）或者一万亿分之一秒（1 皮秒），对电子技术来说是个很大的挑战。[1]

古代钟表

在古代灿烂的文明遗迹中，有许多复杂的时间测量装置。例如，南英格兰的巨石阵、爱尔兰都柏林附近 4000 年前的纽格莱奇墓等。几个世纪以来，不断地有人类学家和建筑学家在探索这些遗迹的奥秘。目前已经被证实的是，它们都是极好的观测天体运动的装置。在有文字记录之前，这些都是人类发明的原始钟表和日历。

在美洲的玛雅、印加和阿兹特克文明中，都有时间计数装置。几千年后，当殖民者们发现新大陆时，曾惊讶于那些城市中先进的遗址和神庙，其中许多遗址的规模比他们从前在故土所见过的类似遗迹更大。这些装置通常被用来计算宗教节日、农种日期和其他重要农业事件。所有著名的古代文明中，人们对时间的测量都反映在社会活动中。

古印加的都城库斯科，本身就是一个巨大的日历。太阳从城市的每条街道升起或者落下的日子，都标志着一个重要的祭祀日。研究表明，以太阳神庙为中心，向四周辐射出 41 条这样的街道。

从 2 世纪到 10 世纪的玛雅文明，将一次日出到日落记为一天，这是他们的基本时间单位。玛雅人的一天是从日出到日落的时间周期的更替。

现代墨西哥城建立在古阿兹特克的都城——特诺奇提特兰城的废墟上。特诺奇提特兰城于 1325 年建造于特斯科科湖的一个岛上。古城的废墟和其他阿兹特克的城市表明阿兹特克人使用两种历法：一种以 260 天为基础；另一种以 365 天为基础。把两个历法合起来会形成一个 52 年的周期，这也是当时人们的平均寿命。阿兹特克人用昴星团在夜晚经过天空中的某个特定位置这一天文事件作为一个循环周期结束和下一个循环周期开始的标志。

今天，科学家找到了更多的证据证明，即使是在北美洲草原上几乎不远征的土著人，也使用过时间记录工具，如怀俄明州北部的毕葛红医药轮，原来被认为是供宗教使用的，但它实际是个大钟表。当然，它们也有重要的宗教意义，象征着诸如潮起潮落和季节更替的生命周期。与现在一样，这些自然现象也影响着远古人的生活。由于这些自然现象带有某种神秘色彩，因此它们引起了人们的敬畏和崇拜。天文学和时间已超过人类的认知，它们比地球上任何一个有记载的古老部落更久远，并且几乎是永恒的。因此，这两门学科自古以来是人类最关注的。

自然界的钟表

太阳、月亮和星星的周期运动很容易观察，我们也无法忽视它们。但在我们自身和周围，也有无数的周期更迭现象。生物学家、植物学家和其他科学家的研究仍未能完全了解这些基本的周期过程。从动物妊娠、麦子播种，到鸟类迁徙，从心跳的节奏到雌性动物的生理周期，对生物钟的科学探讨可以写出好几本书。

地理学家关心大周期，它们以千或百万年为单位，被称为“地质年代”。另一些科学家关心不同放射性元素的原子衰变速率，比如碳-14，以便推断任何含有碳-14 物质的年龄。任何曾经在地球上生活过的生物都含有碳-14，包括远古时代的化石、埃及木乃伊等。

在随后的章节中，你将会看到这些新的技术怎样改变了我们对地球和太阳系的认识。

追踪太阳和月亮

早期钟表是石头结构。它是古人用来记录特定日期的装置，如夏至日，这是一年中日升日落间隔最长的一天，通常在 6 月 21 日或者 22 日，这取决于本年与下一年地球与太阳的接近程度。几千年来，地球和太阳所组成的钟表，已足够满足人们对于日常生活的记录要求，远古先辈们日出而作，日落而息，他们不需要更准确的时间。

但是在许多文明中，出于对一些特殊的日子和纪念日的辨识需要，人们又根据太阳、月亮和季节的运行周期制定了历法。

如果把时间当作是周期现象的循环，那么计时就是对这些周期现象进行计数的系统。最简单和最明显的周期现象就是天，它可以是从太阳的东升到西落，也可以是太阳两次经过天空最高点的时间间隔（即两个正午的间隔）。前者随季节变化而改变，而后者似乎是不变的。

可以用非常简单的仪器来对两个相邻的正午进行测量：在地面上竖一根棍子，如果在北半球，指向北的影子最短的时刻便是一天的正午。这时太阳在当地天空中位于最高点，每当这个现象出现一次，就用一个永久或者半永久的物体来标记，如石头，从而记录天数。用更专业的仪器，还可通过观察月相去记录一个月；也可以记录地球绕太阳公转的周期，即为年。

埃及人可能是第一个把一天分为更小单位的人。人类学家研究了细高形状的纪念碑或者方尖塔，这些建筑可以追溯到公元前3500年。对它们的影子的测量无疑提供了一个简单确定“天”的方法。每天在方尖塔周围放上石头作为标记，这可以更准确地记录一天。

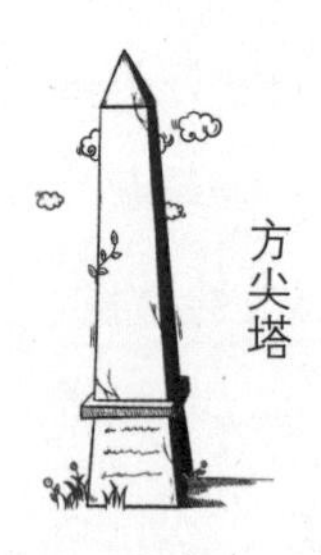

公元前 1500 年，埃及人已经开始使用影子钟表——日晷。他们把一天按影子的位置分成 10 份。

到现在，依然有很多人用日晷来装饰花园和建筑，但日晷的计时功能早已被现代时钟和手表取代。标有刻度的日晷能帮助人们更方便地读出时间。但是即使用最先进的日晷，仍有计算方面的问题。其中之一就是一天、一月和一年的周期不成整数倍关系。地球绕太阳运动一圈需要 365.25 天，但是月亮绕地球的运动在 364 天内就有 13 次变化。这给早期的天文学家、数学家和日历制作者带来了计算方面的麻烦。

☞ 链接

大与小的数字

一些科学家，如地质学家和古生物学家，用万年甚至百万年为单位来表示时间。在他们看来，一百年的时间微不足道，甚至无法准确测量。而对另一些科学家来说，如通信系统和导航系统的工程师，一年中一两秒的误差也不能容忍。因为这样的误差会使系统出错，系统需要的是千分之一秒、百万分之一秒甚至十亿分之一秒量级的时间准确度。

用来表示这些微小时间的数字却很大，例如，1 秒的 1/1 000 000 是 1 微秒，1 秒的 1/1 000 000 000 是 1 纳秒。

在数学里，为了避免使用这些烦琐的数字，人们使用一种简单的表述方式，就像数学家对于一个数字自乘很多遍时，用 2^3 表示 2×2×2，读作“2 的 3 次方”一样。对于很小的数字，数学家用 10^{-6} 表示 1/1 000 000 或者 0.000 001，10^{-6} 是 0.1 自乘 6 次。

1 秒的十亿分之一，即 1 纳秒，表示为 10^{-9} 秒，这就是 0.1 自乘 9 次，读作“10 的负 9 次方”。

1 秒的十亿分之一是很小的一个数。它比长度和质量测量的最小单位还小很多。人们通常难以想象 1 纳秒有多小。举个例子，传统显像管电视机屏幕画面由 525 条线组成，每条线由脉冲同时激发，每秒更新 30 次，因此 1 秒内会出现 15 750 条线。整个画面由一条线开始，每次从左至右。以这个速率，每 63 微秒画出一条线。

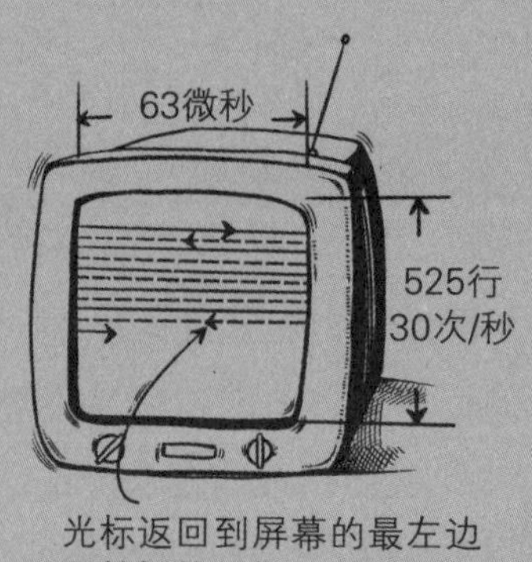

然而，1 秒的百万分之一和十亿分之一是不可能用机械钟表测量的。只有用更精密的电子设备，才可能准确地测量并显示出这些数字。

无论测量的是小时还是微秒，基本原理都一样：把较大单位分割成等间隔的较小单位进行测量。因为时间稳定地朝一个方向移动，小间隔一个一个地累加，就产生了时间。举个例子，对时间的测量，不管是 10 秒长的时间间隔，还是 2 毫秒长的时间间隔，都像是计数一根绳上的一串珠子，测量所做的是设置一个“门”，连续记录通过这个门的珠子个数，并持续地记录下去，就能知道珠串的长度，即一段时间间隔。

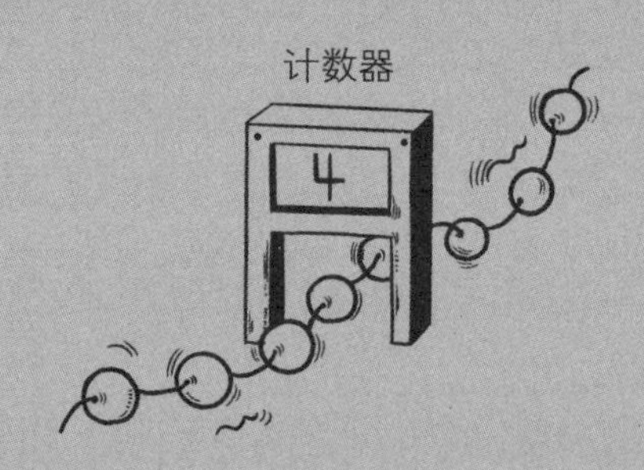

钟表上的时针把一天平均分为 24 个小时，这取决于表盘的设计；分针把 1 小时平均分为 60 分钟；秒针把 1 分钟平均分成 60 秒。秒表分割得更细，将 1 秒分成 10 个 1/10 秒。

当我们需要计数一群数目庞大的事件时，通常用 10 个、12 个、100 个或者更大数字作为单位。同理，电子计数器就是一种可以计数频率源振动，并以各种形式显示出来的电子器件。举个例子，对铯原子频标中的振动进行计数，每9192631770次振动为一组，每当达到这个数目时，发送一个标记信号，两个标记信号的间隔，被定义为1秒。如果需要更小的单位，可以进一步对1秒进行分割，如微秒，即1/1000000秒。

电子计数器、分频器、倍频器等仪器的出现使科学家可以方便地使用仪器来观察时间。即使是很微小的时间，测量精度也可达到10^{-11}量级甚至更高，10^{-11}量级表示每3000年差1秒。而天、年、世纪等大的时间单位也可以由纳秒、毫秒和秒等基本间隔通过累加得到。

译者注

[1] 原书为“千分之一秒或者百万分之一秒”，这是原书写作时（1999）的科技水平，如今技术可支持将测量设备同步到纳秒，甚至皮秒。

2 物体的振动

现在，我们很容易观察月亮绕地球公转、地球绕太阳公转、地球自转等自然周期运动现象，并且能把它们的周期记录下来。但是，对于早期的观测者，他们不了解这些运动，而且还常把天体间的关系搞错。虽然如此，这些观测对测量时间仍然非常有用。虽然物换星移，但这些运动是永恒的，而且有规律可循。因此，观测者可以非常准确地预测多年后的季节更替、日食和其他天文现象。

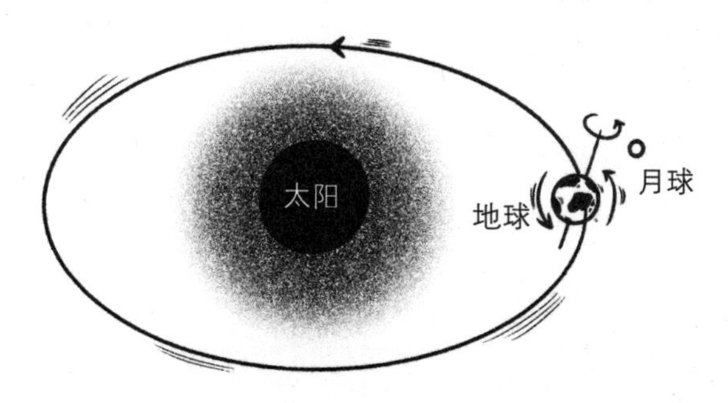

我们通过观察日出、日落来确定地球自转。但事实上这个现象只是这个周期运动中的一部分，或者说部分弧段。计时能力的一个重大突破，是可以通过对自由振动的单摆进行计数来算时间。单摆的精度高于之前所用的所有计时装置。这些装置包括水钟、沙漏、蜡烛等，以前人们利用这些装置粗略地测量秒或者比秒更小的时间单位。

齿轮和擒纵机构组成的装置能使单摆保持规律运动。在单摆运动的周期内，擒纵机构提供恒定的推力，使单摆的运动不会随时间增加而减弱。这就像大人推孩子玩秋千一样，擒纵机构通过链子上的砝码给单摆提供持续的推力。这就是摆钟的工作原理。

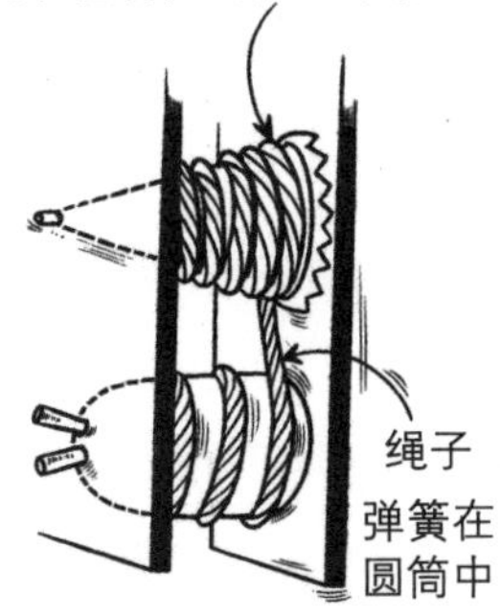

弹簧的张弛，在圆筒与均力
圆锥轮之间起到了杠杆作用

之后，人们又想出其他保持单摆周期运动的方法，如把一根弹簧绷紧，依靠弹簧的弹力，在适当的时候用固定力量推动单摆，作为单摆振动的动力源，这就是结构相对复杂的均力圆锥轮，它只被使用过一段很短的时间。均力圆锥轮一般用在绳索式或链条式的钟表里，它包括一个带螺旋状槽的圆锥轮，通过其提供的动力保持单摆运动，从而维持计时装置的平稳运行。

利用单摆测量周期的方法出现之后，人们还发明了弹簧和平衡轮等装置，用来驱动齿轮，齿轮的转动可用来维持钟表运行。这种装置不但极大地节省了钟表内部的空间，而且使其更加便携，即使将钟表倒置，它也可以工作。

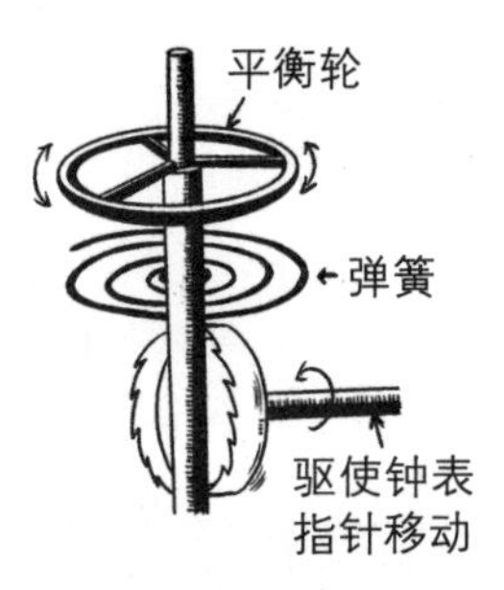

但是，科学家需要用比普通的机械钟精度更高的设备来测量时间。在寻找这种设备的过程中，人们发现了另一些物体的周期振动现象。这些物体振动的周期比人工能够记录的周期短得多，比如音叉，每秒振动 440 个周期。我们可以将它用于电子表中作为计时周期，用电池产生的电子脉冲驱动其持续振动。

人们常使用的交流电是每秒 60 个周期，或用 60 赫兹表示（也有一些国家或地区是 50 赫兹），这也可以作为一种时钟振荡源。对于普通用户，使用交流电频率驱动廉价的电子墙钟和台式钟已经可以满足日常的时间精度需求。

但对于需要用到更精确时间的用户，上述测量方式仍然显得笨重且不够稳定。就像用一升的大量杯去测量装在小瓶里的香水一样。对需要将 1 秒细分到 60 份甚至 100 份时间的用户，如电力公司，要保证供电频率保持在 60 赫兹，需要更精确地测量振动频率。

电力公司、电信公司、电台、电视台和其他需要用到精确时间的用户，经常使用石英晶体振荡器的振动来产生所需要的频率。振荡器的振动由电流提供动力。使用石英晶体振荡器，可以将振动周期细分到兆赫量级，即每秒几百万个振动周期。石英晶体振荡器的振动速率由其中石英晶体的厚度决定，典型的振动频率有 2.5 兆赫或者 5 兆赫，即每秒振动 250 万次或者 500 万次。

振动速率越快，测量反而更加容易，这虽然看起来不可思议，但这确实是事实。那么，什么东西振动得更快呢？现在的答案是原子。在化学元素周期表中，每一种元素的原子都会以一定的速率振动。例如，氢原子每秒振动 1 420 405 752 个周期，或者说振动频率是 1 420 405 752 赫兹；铷原子振动频率是 6 834 682 608 赫兹；铯原子振动频率是 9 192 631 770 赫兹。这些原子都是现在常用于产生精密周期的原子。很多电视网络的主站、科学实验室等机构需要原子钟来维持其运转，如美国海军天文台和NIST使用多台原子钟组成的原子钟组来提供时间基准。

因此，所有以固定速率振动的事物，都可以作为测量时间间隔的工具。

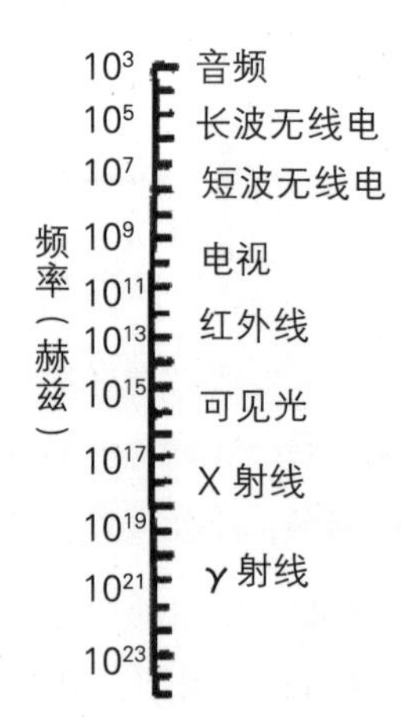

由频率到时间

太阳以每天一次的频率通过天空的最高点，一年有 365.25 次。节拍器帮助音乐家保证其作品节奏的匀称性。音乐家通过移动连接单摆的砝码，降低或提高节拍器的频率。

任何平稳振动的东西，都可用来测量时间间隔，只需要简单地对振动次数计数就可以完成测量。只要知道一段固定时间内振动发生的次数，就可以测量每次振动的时间间隔。这里的“一段时间”通常指一天、一小时、一分钟或者一秒。换句话说，如果知道振动的频率，就可以测出时间间隔。一个被关在地牢里的人看不到太阳，但如果他知道一分钟内心跳的次数，就可以通过记录自己的心跳来记录已流失的时间。

“频率”一般用来形容摆动太快而无法用大脑计数的情况。这种振动通常难以人工计数。表示每秒振动周期数的单位是赫兹，这是为了纪念第一个证明电磁波存在的人——赫兹。

如果可以计数振动装置的振动周期，就可以得到与其自身振动一样准确的时间间隔。有一些振动可以达到每秒百万甚至十亿次。累加这些相同的微小振动，可以测量任意时间长度，从一秒钟到一小时，从一周到一个月甚至一个世纪。

除非已经确定了一个参考点作为开始计数的起点，否则，即使现存最精准的测量装置也无法告诉我们日期。如果知道一个起点，并且保持振动装置持续工作，就可以通过累加发生过的振动周期数，来记录时间间隔和日期。

什么是钟表？

计时就是测量某种振动发生的次数。这也是钟表的功能，即记录振动周期，并且将它显示出来。实际上，地球和太阳就组成了一部天然的大钟表，这也是所有“钟表”中最普通、最古老的一种。

古人把一根棍子竖在地上，观察从日升到日落对应的棍子影子的位置变化，然后根据一天中影子的不同位置来标记中午和其他时间。这是一种钟表，叫作日晷。当天空晴朗时，日晷可以确切地反映一天中的不同时间，但当乌云密布时，这种方式就没用了。为了解决这个问题，人们发明了机械装置来表示太阳运动的时间轨迹。太阳就像一个主钟，它提供主要时间尺度，人们用它来校准机械钟。

在计时技术的发展中，早期的人们用流水和流沙来测量流逝的时间，后来出现了更稳定的摆钟和平衡齿轮钟。近代，人们又制作出了更加准确的时钟，如由电流驱动计数石英晶体周期振荡的晶体钟，或计数原子能级跃迁辐射周期的原子钟。为捕获这些周期，每秒可能需要百万甚至十亿次计数。这比以 24 小时为周期的地球—太阳钟的计数速度快得多，因此一部原子钟需要更专业的设备来计数，以便便捷地读取原子钟所计量的时间。这比地球—太阳钟准确上千倍。

装有手表所使用的
石英晶体的金属舱

振动装置，如单摆，如果没有指针和钟面，它就不能被称作严格意义上的钟表。除非我们设置一个起点，否则单纯的振动或“嘀嗒”不能用来计时。换句话说，只有装上指针用来表示计数的过程，并用指针指向的刻度标记振动发生的次数，这才是钟表。通过这个钟表，我们就可以知道当前时刻与开始计数时刻的时间间隔。

常见的 12 小时的钟面，可以帮助我们简单、方便地记录对时间的计数过程，它可以测量的最长时间间隔是 12 小时，所用的单位包括小时、分钟和秒。也有少数 24 小时的钟面，它测量的最长时间间隔是 24 小时。但是，这些钟都不会显示任何关于年、月、日的信息。

地球—太阳钟表

正如人们观察到的，地球的自转和公转都可以用来计时。这部钟满足了很多当今科学家对时间标准的要求：

·普适。任何人，随时随地都可以用它。

·可靠。不同于人造钟表，它不会停止以至于丢失时间。

·稳定。它基本是稳定的。基于时间尺度，科学家可以提前预测出千百年后地球上任意一处的日升和日落的时间（小时、分钟和秒），以及日食、月食等其他与时间相关的天文事件。

另外，这部地球—太阳钟表没有运转费用，也不存在归属争议，更不用考虑维持或者调整它的责任分配问题。

然而，这部古老而忠实的钟表也有一些局限。随着计时装置的改进和普及，根据早先观测者积累下来的对地球和宇宙研究的相关数据，以及人们可以更精密地测量时间间隔后获得新发现：地球—太阳钟表不是很稳定。理由是：

- 地球公转的轨道不是圆而是椭圆。因此，地球在离太阳较近的地方公转的速度比在离太阳较远的地方公转的速度快。
- 地球自转轴与其公转的轨道平面并不垂直。
- 地球自转的速率不均匀。
- 地球自转轴并不固定，存在“晃动”现象。

上述特点使得这部地球—太阳钟表无法成为最稳定的钟表。前两个原因使得 2 月中和 11 月中的一天时长偏差约 15 分钟。这些影响大部分可以预测，并且不会出现严重的误差，但仍有一些不可预见且不确定的影响因素。

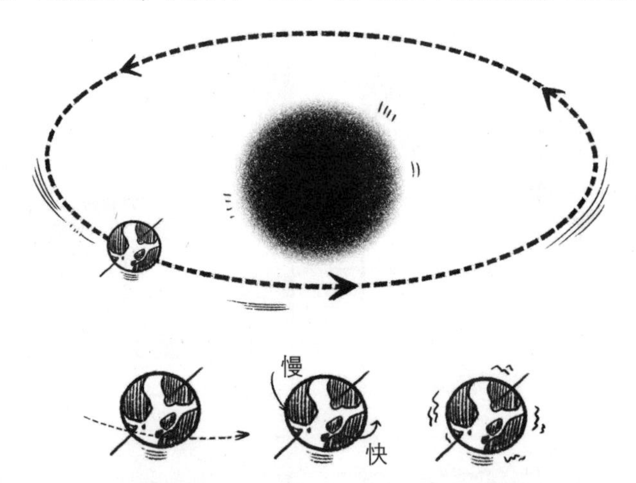

总的来说，由于根据地球—太阳钟表确定的时间具有一定的不均匀性，我们需要对地球—太阳钟表的时间进行校正。当测量较短的时间间隔时，机械钟表比地球—太阳钟表更稳定、更精确。此外机械钟表和电子钟表还具有便携、易操作等优点。日常生活中，人们已经很少依靠地球—太阳钟表来测量时间，取而代之的是，人们可以根据钟表来确定日出、日落时间，从而轻松欣赏美景。

涨潮
6:30

涨潮
6:30

涨潮
6:30

涨潮
6:30

现在几点?
涨潮
6:30

涨潮
6:30

6:30
涨潮
6:30

测量时间的尺度

如果想称一车沙子的质量，体重计是不够用的。当然，体重计也称不出一张纸的质量。如果想测量千米或者万米长度的物体，米尺是不够用的，米尺也无法准确测量眼镜的厚度。

如果需要一个直径 5/16 英尺（约 9.5 厘米）和长 3/16 至 8/16 英尺（约 5.7 至 15.2 厘米）的螺栓，而供应商只有米尺，那么他只有通过一些特殊的测量方法来供给满足我们要求的货物。他所用的尺度也许和常用的不同。长度和质量可以进行任意分割，这些分割比较容易实现，并且其中某些已经形成了一种尺度，得到广泛的应用。所有测量的重点是必须使用统一的尺度，否则，同样量"一升"果汁，不同尺度就会量出不同的体积。

对时间的测量也需要一个统一的尺度。在实践中已经出现了很多计时尺度，它们都是由地球公转和自转衍生出来的。

什么是标准？

对测量来说，最重要的是统一尺度和单位。换句话说，对于所有的测量和计算，应有一个统一标准，如长度测量的标准单位是米，质量的标准单位是千克。

测量时间的标准单位是秒。60 秒为一分钟；3600 秒为一小时。天和年也可由时间的基本单位——秒累积起来。小于一秒的时间单位有 1/1000 秒（毫秒）、1/1 000 000 秒（微秒）等。

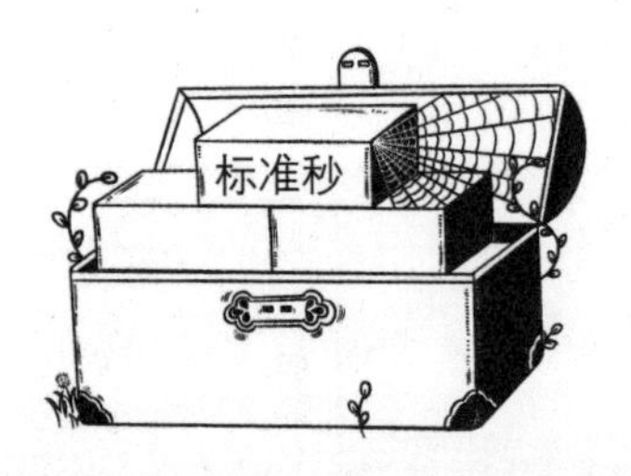

每个基本物理量单位都有国际统一的定义，具有稳定、准确的特征。每个国家都有唯一提供标准的机构。美国的机构是总部在马里兰州的美国国家标准与技术研究院（NIST），它向用户提供数不清的与人类生活相关的标准服务，包括测量充入汽车内的汽油的体积、鉴别首饰或者假牙上黄金的纯度等。

NIST还为数亿的时间用户提供标准时间的服务。标准时间不仅仅用在陆地上，还应用在航海、航空和航天等领域的设备上。不同于质量的定义，只要测量准确就不会有变化，对“秒”的标准进行定义是一项艰巨的任务，因为一秒不能放在一个信封或者盒子内，然后束之高阁，等需要用的时候再拿出来比对。秒的长度需要持续不间断地测量。

时间如何告诉我们位置的信息？

最早、最重要、最广泛用到精确时间信息的场合是定位。航行的船只、飞机和游艇需要持续且及时的位置信息。大部分人知道大体的定位原理，但是很少有人知道具体的定位过程和方法。

古代人在旅途中，特别是在没有熟悉路标的海上，利用太阳和星星帮助自己找到方向。早期北半球的开拓者和冒险家们非常幸运，可以用北极星来确定方向，因为北极星始终在夜空的北方，而不像其他星星，随着地球的公转而改变位置。

这些早期的旅行家还注意到：随着他们向北行进，北极星在空中显得越来越高，通过观测北极星与水平面的倾角，可以确定他们离北极的距离。六分仪就是一种可以非常准确地测量倾角的仪器，常用来测量纬度（纬度以赤道为0度，向北极和南极两边分别增加到90度）。

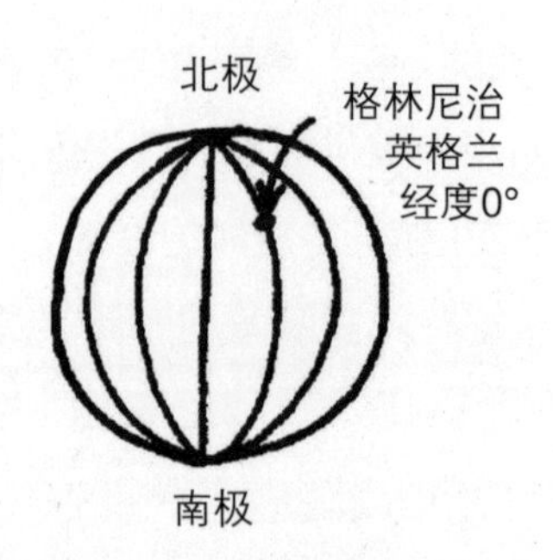

然而，地球的自转使得测量经度和绘制航海图成为一项复杂的工作，但仍有解决的办法。

在东西方向上，地球表面被经线（又称子午线）分开。绕地球一周的经度变化为 360 度。所有经线都在南北极相交。国际上以通过英国格林尼治天文台的经线为本初子午线，定义为经度 0 度。由这条线向东、向西转 180 度到地球另一面，分别为东经 180 度和西经 180 度。

在地球上的任意一点观测，太阳自东向西以每小时经度 15 度的速度转动，也就是太阳每越过 1 个经度需要 4 分钟。根据这一规律，可以用一个非常准确的钟表在海洋航行中实现定位。具体方法是，定位者通过测量本初子午线上的时间与船只所在地时间的差，可以很容易地确定船只所在的经度。例如，船只所在地的时间与格林尼治的时间相差 4 分钟，则这艘船所在的地点与格林尼治相差 1 经度。

晚上，导航者通过观测 2 颗或者更多的恒星来确定位置，方法与通过观测北极星来获得纬度的方法类似。不同之处在于北极星在天空中位置固定，而其他星星围绕着北极星旋转。出于这个原因，导航者必须通过当下的时间来推断自己的位置，如果不知道时间，可以观测恒星绕着北极星的转动情况来确定。星表记录了一年四季任意时间恒星的位置，因此导航者可以根据两颗或者多颗恒星的位置，通过查星表来确定其位置。

这种方法的原理如下：将天空的每颗恒星投影到地球表面，于是，设 1 号星的投影是A点，2 号星的投影是B点。如下图所示，站在虚线圈上任意一点的定位者看到 1 号星的角度相同；站在实线圈上任意一点的定位者看到 2 号星的角度相同。所以，定位者的位置就是实线圈与虚线圈的两个交点之一。

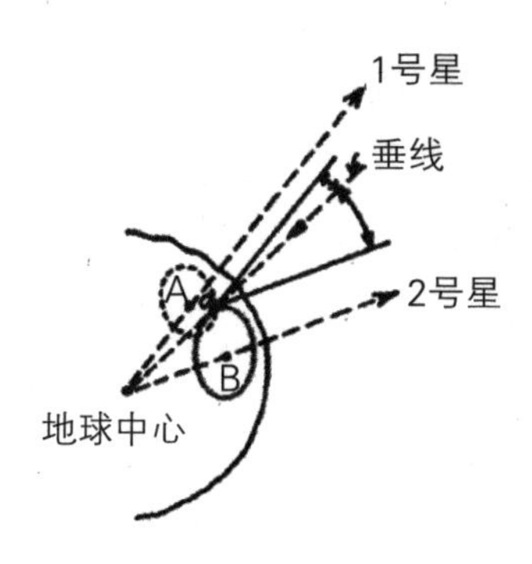

可以选择观测第三颗星来确定唯一正确的交点。这个原理很简单，但有一个重要的难题：200 年前，还没有人能够制作出一部能在海上航行时显示准确时间的钟表。

一部不会“晕船”的钟表

几个世纪以来，随着造船技术的进步，更大、更结实的船体推动了海上贸易、海战等海上活动的发展。但是载满昂贵货物的船在海中通常会迷路，暴风雨使航线偏离，船员没有办法知道他们在哪里或者怎样到达避风港。

随着航海技术的发展，导航设备有了重大的改进。人们可以通过测量地平线和北极星之间的夹角来读取纬度。而对于经度的测量，以前则主要依靠航位推算法。但是，如果船上有一个能显示英国格林尼治时间的钟表，船员便可以很容易地通过观测太阳经过头顶的时间，得到当地时间与格林尼治时间之差，从而推算出当地离本初子午线的经度度数，最终确定位置。

随着对准确、可靠的船载钟表的需求不断增加，发明家不断地改进钟表。虽然摆钟的出现在当时是一个突破，但它不能用于海上，因为船的颠簸会使摆钟的准确度大大降低。

1713 年，英国政府悬赏 20000 英镑，奖励造出精密钟表的人。政府要求这个钟表确定的经度误差能控制在 0.5 度以内。在众多希望得到巨额奖金的人当中，有一位英国钟表制造者——哈里森，他花了 40 年制作出了达到要求的钟表。哈里森制作的钟能克服钟表在海上航行时遇到的诸多问题，比如船体颠簸改变单摆周期，温度改变使得金属弹簧的弹性变差，溅起的浪花腐蚀钟表的部件等。

当他拿着自认为接近完美的钟表来到鉴定委员会时，委员会推迟了测试。他们要求哈里森再制造出一个一模一样的钟，以防钟表在海上损坏或者丢失。最终，在 1761 年，哈里森的儿子——威廉得以拿着这部钟表，航行到牙买加进行测试。虽然持续多天的猛烈暴风使船偏离了航道，但这台精密钟表仍旧提供了准确的时间，几个月的航行后，钟表仅慢了 1 分钟，经度误差小于 1/3 度。哈里森申请得到这 20000 英镑的奖金，其中一部分已经预支，剩下的则在接下来的两年内付完，但不幸的是，哈里森在拿到奖金的三年后去世了。

哈里森艰难赢得奖金的社会意义远大于技术意义。在他制造出先进、精密的计时器之前，天文学家一直在试图用天文学方法来解决经度确定问题。他们的方法是用天空中的“钟表”来取代哈里森的计时器。这个想法至少可以追溯到 1530 年。这个概念很简单，但实际上已经超过了当时天文测量技术的能力范围，而变得难以实施。我们通过伽利略在 1610 年提出的原理来了解这个方法。

伽利略是第一个提出用望远镜来观测天体的人，引起伽利略观测兴趣的是木星的四颗卫星，伽利略细心地计算出了这些卫星的轨道和速度，这为寻找天空中的钟表提供了线索。他还指出，根据木星的卫星发生“月食”的时间，可以校准地球上的钟表。比如，某一卫星在格林尼治时间早上 9：33 发生卫星食，导航者可以记下卫星食发生时的本地时间，根据这个来调整他们的钟表。因为卫星的“月食”经常发生，调整钟表的机会不会间隔很久。这就是利用木星的卫星进行定时的原理。

伽利略发现的四颗木星卫星

但这个方法在实践上有些问题。第一，导航者需要用望远镜来观测，这在静止的地面不是大问题，但站在颠簸的船上观测木星的卫星是件很困难的事；第二，观测需要在晚上进行，而天空也可能是多云，这会严重影响观测。出于以上原因，天空中的这个钟表对于航海定位并不实用。不过，这个方法在陆地上已经足够用了，人们还利用这个方法绘制出了第一份精确的世界地图。

利用哈里森的钟表，天文学家绘制出了天体图。天空中的钟表固然有用，但必须花费几个小时来计算出时间，这就显示出哈里森制作的钟表的优越性——只需要几分钟就可以定时。

然而，哈里森是不幸的，因为鉴定委员会中有一位彻头彻尾的天文学家，他固执地坚持天文学方法，因此否决了哈里森的成果。不过，哈里森赢得了当时的英国国王乔治三世的赞赏。国王同情哈里森的遭遇，通过对国会施压把奖金颁给了哈里森。但理论上讲，哈里森从未真正地获得这个奖项，因为他从未获得鉴定委员会的肯定。

至今，在天文学家和钟表制造者之间的这场争斗仍在继续，不过它是以一种友好的方式进行着。在接下来讨论原子计时法时，我们仍会提到这个争论。

在哈里森的钟表被认可之后的大半个世纪，人们制造出了仿制品，仿制品的每个部分都由富有经验的钟表制造者手工制作，因此这是一部非常值钱的仪器，也成为航海中最重要的仪器之一。但它需要非常小心的保养，保养它是航海中非常重要的工作之一。

今天，船上每位水手都有一只手表，它们比哈里森的钟表更准确可靠。但是，它们的原理都相同，也都是航海导航仪器系统中的重要组成部分。

II 手工时钟和手表

3 早期的钟表

三个男孩被春天宜人的天气吸引，决定下午逃课。如果一切顺利，他们回家的时间应该是学校放学后的时间，这样他们的妈妈就不会发现他们下午逃课。但问题是，只有其中一个男孩有个已经坏掉的旧闹钟。三个人很快做出一个计划：有闹钟的男孩离开家时把闹钟的时间调到与家里的钟表一致。然后他们三个轮流计算时间，每数 60 下就把分针向前移一位。

很快其中的两个男孩开始争论数数的人的计数速度。随后，数数的人也参与了这场争论，这样，他们的时间“停止”了。他们用了几乎整个下午彼此责备。在回家前，他们开始估计在这场争论中损失了多少时间。

除了这三位男孩，实际工作中专业的计时工作者也会遇到时间“丢失”的问题。即使有高精度的仪器，校准钟表也是一项艰巨的任务。在与相对简单的测量长度和质量的装置作比较时，我们已经了解了时间测量的困难。我们讨论了什么是钟表，并且简要介绍了不同的钟表。现在，我们来分析钟表的构成和不同钟表的特点。

沙漏和水钟

现存最早的钟表在埃及，埃及人发明了日晷和水钟。最简单的水钟是一个石膏碗，上宽底窄，内部刻有表示“小时”的水平刻度。碗中装满了水，水从底部一个小孔流出。虽然碗里的水在满的时候流速快，在水少时流速慢，但这样的钟表计时大体上还是比较均匀的。

埃及水钟

古希腊人和古罗马人使用水钟和沙漏计时。在公元 8 世纪到 11 世纪，中国人制作了类似机械钟表的水钟，称为水运仪象台。它在轮子上等距离放置一些小杯子，当给其中一个杯子灌水时，它变得越来越重，最后撬起旁边的杠杆，使得后面的杯子转到灌水的地方，轮子上的杯子依次按照这种方式转动，以此来计时。

在中国，有很多种不同类型的水钟。到了 13 世纪，水钟变得非常流行，在德国还成立了专门的水钟制造者协会。然而在有些条件下，比如寒冬，水会结冰，水钟就无法使用。

早期的中国水钟

为了解决水钟结冰而不可用的问题，14 世纪出现了沙漏。但是，因为沙子的质量和体积的局限性，沙漏只能测量较短的时间间隔。使用沙漏的主要场合是在船上，水手扔出一块拴有长绳子的木料，在木料掉入水中开始远离轮船的同时使用沙漏计时，并每隔一段特定的长度就在绳子上打一个结，再利用绳结的个数计算木料与船的距离。结合沙漏的计时结果，就可以粗略估计船的行进速度。沙漏漏完一次的时间内，绳子放下去几个结，船速就是几节。

机械钟表

第一部机械钟表大概出现在 14 世纪。它由一个称作擒纵机构的装置提供动力。擒纵机构主要由原始平衡摆和冕形齿轮两部分组成。一根圆柱杆两边各绑一个可移动的砝码，组成原始平衡摆。原始平衡摆通过一个垂直装置与其下端的冕形齿轮连接。在冕形齿轮的顶部和底部各有一个很小的金属突出物，它们叫作“托盘”。冕形齿轮的锯齿可接触到托盘。原始平衡摆先向一个方向运动，然后向另一个方向运动。来回运动都是由冕形齿轮的锯齿与托盘的每次跳动接触来控制的。此外，移动原始平衡摆上的砝码可调节钟表的速率。

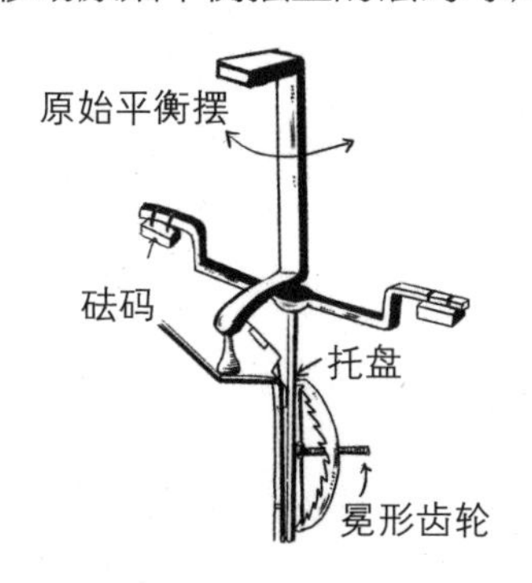

当时机械钟表运行一天的误差大约 15 分钟，因此它没有分针。误差的大小与钟表内各部分间的摩擦力有关，因此任意两个机械钟表都不会产生完全相同的时间。到 15 世纪后期，机械钟表中的砝码被相对稳定的弹簧取代，但弹簧的驱动力会随着其弹性的损失而逐渐减弱，因此也不够稳定。

摆钟

机械钟表的误差范围是由很多因素决定的，比如钟表内部每个零件间的摩擦力、砝码的质量、弹簧的弹力和制造工匠的手艺等；同时，制作钟表的过程也存在不确定性。因此，没有两个机械钟表能显示相同的时间。为了解决机械钟表存在的不确定性问题，我们需要一部周期性的装置，它的频率来自装置本身的特性，而不是主要依赖外部因素。

摆钟就是这样一种装置。伽利略被认为是第一位认识到规律运动的单摆可以用来驱动时钟的人。伽利略认为，单摆的周期由摆长决定，而不是由单摆摆动的幅度或者其末端小球的质量决定。后来的研究发现，空气摩擦力对单摆周期的影响也非常小。

但是，直到 1642 年伽利略去世，他也没有制作出一部摆钟。直到 1656 年，荷兰科学家惠更斯才制作出这样的摆钟。惠更斯制作的摆钟一天只偏差 10 秒。这相对于机械钟表来说是个惊人的进步。

平衡轮钟表

在惠更斯制作出摆钟的同一时期，英国科学家罗伯特·胡克进行了一项实验，尝试用一个直金属弹簧来规律地产生钟表需要的频率。1675 年，惠更斯第一个成功地制作出了用弹簧控制的钟表。他所使用的螺旋弹簧的一个派生物——游丝现在仍用于手表中。上一章提到的哈里森制作的海上定位用的钟表，就是由弹簧的伸缩来控制走时频率的。

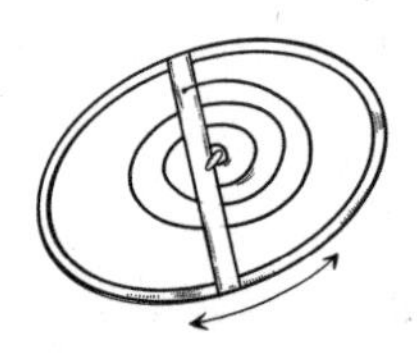

进一步的完善

摆钟在计时历史上占有很重要的位置，但它也并不完美。伽利略认识到摆钟的周期是由单摆的长度决定的。因此，需要想办法克服由温度变化引起的钟摆长度伸缩。人们尝试了不同材质的金属和合金，不断地提高钟摆长度的稳定性。

当摆钟来回摆动时，它与空气产生摩擦，而摩擦力的大小又与气压有关，为减小摩擦力，可以把摆钟放到真空容器中。但是，即使是最精密的钟表，仍会产生一些难以克服的细小摩擦。所以要经常校准摆钟，但这种校准又会细微地改变钟摆运动的周期。

为了避免上述问题，科学家威廉·汉米尔顿·夏特研制出了由两个钟摆组成的钟表，其中一个是主动钟摆，另一个是被动钟摆。主动钟摆是频率保持装置，它释放出能量驱动被动钟摆；被动钟摆计数摆动周期，它在 5 年内只差几秒。

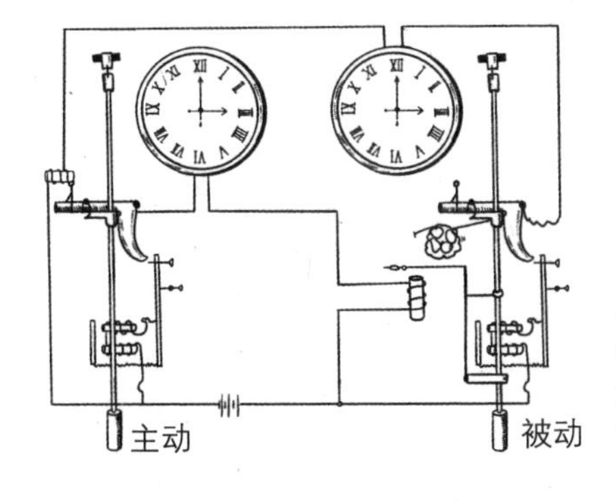

早期的双摆摆钟复原图。连接主动钟摆的电子回路通过释放能量来驱动被动钟摆运行，从而避免主动钟摆与被动钟摆的直接连接引起的摩擦。

制作更精确的钟表

如果想制作更精确的钟表，我们需要知道更多关于钟表组成的知识，以及其中的每一部分对整体精度的影响。也就是说，需要知道钟表的运行原理。因此，在讨论先进的原子钟之前，我们先来梳理钟表的基本部件，同时了解每个部件的作用。

根据之前的讨论，钟表通常由以下三个部分组成：

- 谐振器：能产生周期现象的部件。
- 能量源：为谐振器提供能量，使谐振器保持周期运动的部件。谐振器和能量源共同组成振荡器。
- 计数和显示部件：对周期现象进行计数、累加，并且将结果显示出来的部件。如钟表上的指针和表盘。

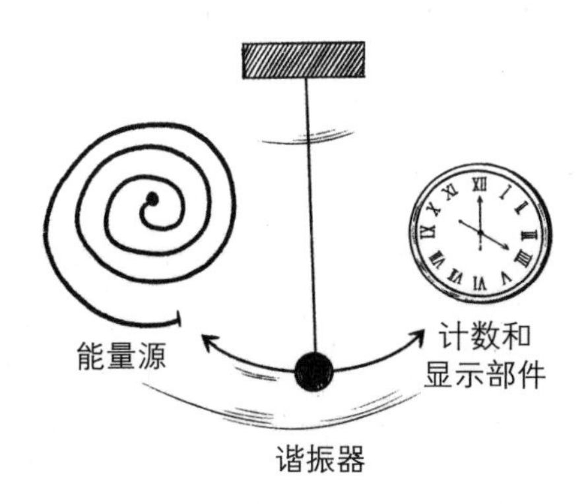

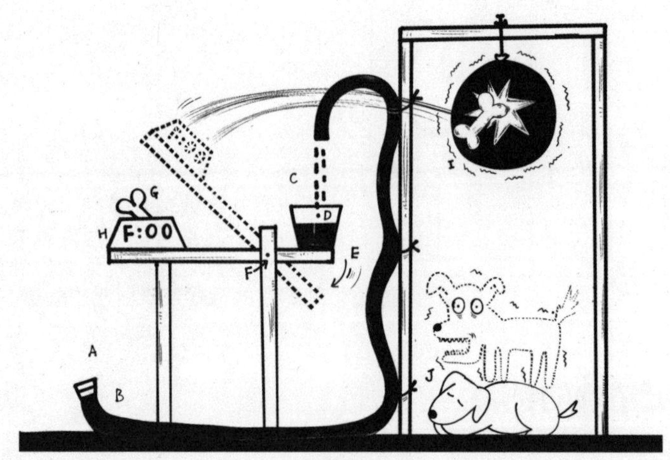

时钟

打开水龙头（A），水会通过软管（B）以每分钟6滴水（C）的速度流进水桶（D）。一小时后，水桶（D）的质量会使枢轴（F）向右下倾斜，进而导致附着在板子（E）上的狗食盆（H）中的骨头（G）弹起并打中锣鼓（I），锣鼓（I）的声响会吵醒正在睡觉的小狗（J）。小狗（J）随后叼起掉落在地上的骨头（G）并将其放回狗食盆（H）中，接着回去睡觉。

4 钟表的品质因子

理想的谐振器是给予一个初始推力后便可以永久地运行，当然，这在现实中是不可能的，因为摩擦力会使谐振器最终停下。如果没有能量补充，摆钟最终也会静止。

谐振器有好坏之分，有一个判断谐振器好坏的简单方法，就是给谐振器一个初始推力后，看它持续振动时间的长短。用来评判谐振器质量的指标叫作品质因子，或者Q值。Q值是指谐振器从获得初始能量到能量消耗殆尽时总共振动的次数。摩擦力越大，谐振器就越快停止振动。因此，如果摩擦力过大，谐振器的Q值会很低，反之亦然。一块普通机械手表的Q值可能是100，而科学研究中所使用的钟表Q值可能会达到几百万。

种类	Q值
廉价平衡轮手表	1000
音叉手表	2000
石英钟表	10^5–10^6
铷原子钟	10^6
铯原子钟	10^7–10^8
氢原子钟	10^9

高Q值谐振器有一个显著优点：不需经常施以外力，就可以保持其固有频率或者共振频率。另外，高Q值还意味着谐振器不容易偏离其固有振动频率。这与谐振器的准确度和稳定度相关。谐振器只有保持以固有频率振动，运行才会准确。如果谐振器在很宽的频率范围内振动，它很可能偏离其固有频率，也不会很稳定。

共振曲线

为了更好地理解共振概念，我们可以设计一个实验。一个简单木质构架上方装有一根圆形木杆，木杆上绑着不同长度的单摆。

如果对单摆C施加推力。C的摆动会传递给木架内的单摆S。因为S和C的摆长一样，即固有频率一样，这就意味着S和C会以相同的频率摆动，即为共振。因此C的摆动能量可以很容易地传到S处。为了使推力发挥最大效果，推力通常是顺着摆动方向给予，而不是逆着摆动方向给予。

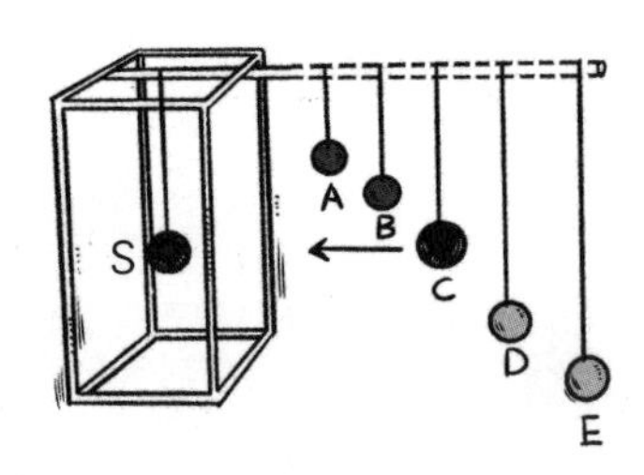

一段时间后，测量S摆动的幅度，这是从C传递到S的能量。下图中间曲线上的黑点就是以上实验的结果。

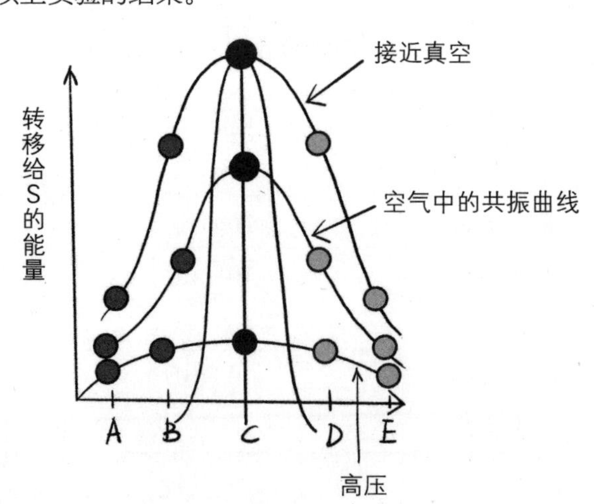

现在，重复上述实验。这次用单摆D，D比S稍长一些，因此它的摆动周期会长一些。这就意味着：D与S同方向时，它会推动S；但在D改变方向之前，S会先改变方向。结果就如上图中灰色点所示，D不能像C那样容易地把能量传递给S。

同样，若把单摆E绑在杆子上。E的摆长越长，它传递给S的能量就越小。而当把一串小于S单摆长度的单摆绑在杆子上，如单摆A和B，同样会有类似的能量转移损失。因为在这种情况下，在S改变方向之前，A和B会先改变方向。

把所有的测量结果都标示在上图的曲线上，这些曲线就被称为共振曲线。

现在改变条件，再将这个实验重复两次。第一次，将单摆系统放在压力容器中；第二次，将单摆系统放在接近真空的容器中。实验的结果也在图上标示出来。正如预期，在压力环境下的共振曲线比正常空气下更平缓。因为在高压情况下，空气分子更活跃，空气阻力增大，单摆会在较短的时间内停下来；而在接近真空情况下，空气分子不活跃，空气阻力减小，单摆摆动时间会比较长，因此这时的曲线比较陡峭，波峰更突出。

这些实验结果给钟表制造者一个重要的启示：摩擦力或者能量损失越小，共振曲线的波峰越突出。Q值与摩擦力损失相关，谐振器的摩擦力越低，Q值越高。因此可以得出如下结论：高Q值谐振器的共振曲线比较陡峭；低Q值谐振器的共振曲线比较平缓。换句话说，给一个初始的推力，谐振器摆动的时间越长，共振曲线越陡峭。

☞ 链接

能量的消耗与共振曲线和Q值的关系

给予一个初始推力，高Q值的单摆会摆动几分钟，或者几小时；而低Q值的单摆（比如放在蜂蜜中的单摆），也许只能摆动一下，或根本不动。它需要新的推力来维持下一次的摆动，更不用说在摆动过程中聚集能量。

对于高Q值的单摆，若以近似其固有频率的能量推动它，它的能量便可在这期间累积起来。最终，单摆所蕴含的能量会超过单次推动它所需要的能量。跳蹦床时会发生类似的能量累积现象，如果跳跃者使其跳动的节

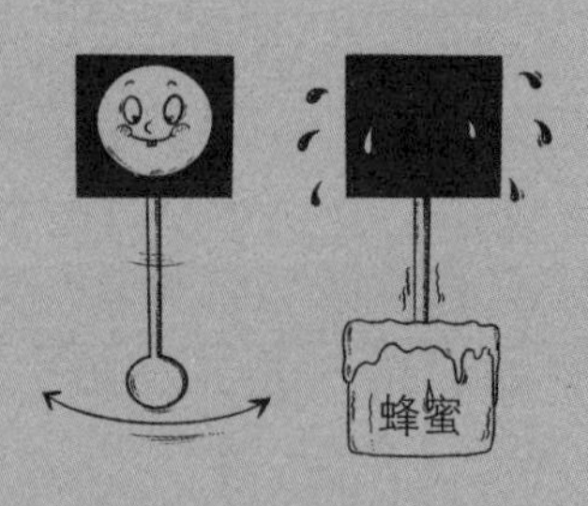

奏与蹦床弹力的节奏一致，他跳得会越来越高，因为他累积了每次起跳的能量。

同理，对于荡秋千来说，以与秋千摆动相同节奏（频率）给予其推力，秋千就会越荡越高，力度也会越来越强。如果躲闪不及，后面推秋千的人可能会被撞倒。

就这样，高Q值的谐振器从推力中累积能量，而低Q值的谐振器非但不能累积能量，摩擦还会使它的能量不断地损失。即使以与其固有频率相同的频率来补充能量，它也不会恢复。如果以非固有频率来补充能量，谐振器被补充的能量更无法到达固有频率累积的能量的程度。

综上所述，谐振器由其他振荡器驱动，共振曲线的形状由谐振器的Q值决定，由振荡器转化而来的、驱动谐振器的能量发挥的效果，则取决于谐振器和振荡器的固有频率的接近程度。

共振曲线和衰减时间

从上面的实验中我们已经看到，具有高Q值或者长衰减时间的谐振器有比较陡峭的共振曲线。数学分析进一步表明，在特定的测量条件下，谐振器的衰减时间和共振曲线的陡峭程度存在严格的相关性。用于表述这一特点的指标就是共振曲线最高点一半处所对应的曲线宽度，单位是赫兹。

为了说明这个关系，我们分别观察高压和真空两种情况下谐振器的共振曲线。在高压情况下，曲线在一半能量点处的宽度大概是 10 赫兹；在真空情况下，曲线在一半能量点处的宽度大概是 1 赫兹。研究表明，一半能量点的共振曲线的宽度与谐振器的衰减时间互为倒数。即假设谐振器用了 10 秒逐渐停止振动，则每一个半能量点所在的共振曲线的宽度就是 1/10 秒，即 0.1 赫兹。

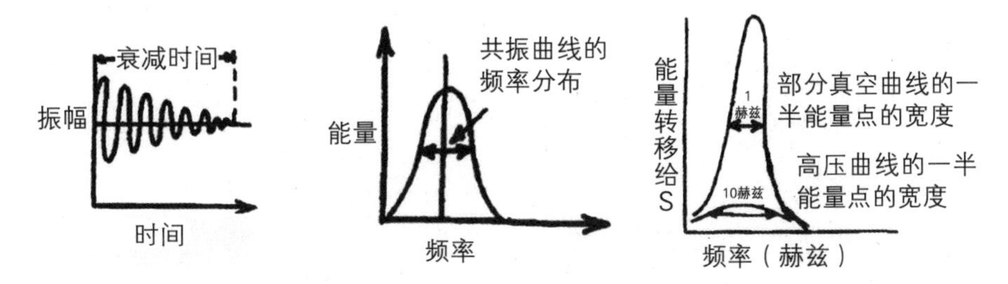

可以这样理解半能量点的曲线宽度，为维持适当的振动，驱动谐振器的推力需要接近谐振器固有频率的程度。

准确度、稳定度和 Q 值

钟表有两个重要指标：准确度和稳定度。这两个指标都与Q值有关。

首先，区别一下准确度和稳定度。这里举一个饮料灌装生产线的例子。每个瓶子的容积一样，如果灌装机稳定，那么生产线给每个瓶子灌的饮料量相同。但如果每个瓶子本该充满，实际只充了一半的量，那么这个生产线的稳定度高，但准确度低。假设瓶子的容积是一升，罐装机给每个瓶子里充的饮料量不完全相同，有的多一些，有的少一些，但平均值接近于一升，那么，这个生产线的稳定度低，但准确度高。

一些谐振器的稳定度高，另一些的准确度高，但最好的是两者兼得。

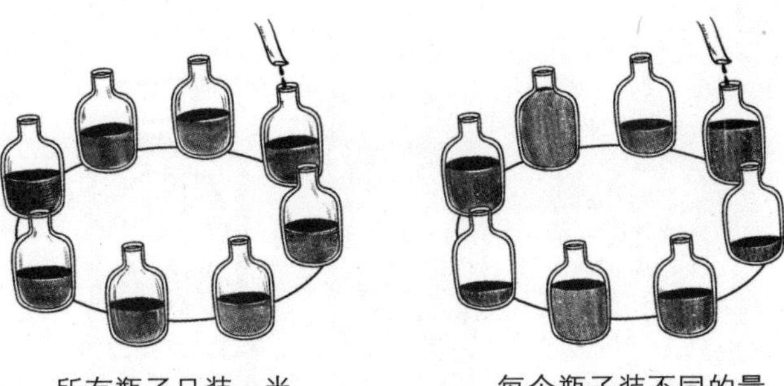

所有瓶子只装一半　　　　每个瓶子装不同的量

高Q值和准确度

由于高Q值谐振器的衰减时间较长，因此其共振曲线也较窄和陡峭。同时这也表示除非外部频率非常接近谐振器的固有频率或共振频率，否则这个谐振器不会对这个外部频率做出反应。

如今人们基于铯原子钟的共振频率定义秒长。如果一个谐振器的固有频率与铯原子的固有频率相同，同时又有非常高的Q值，我们就可以通过它得到符合“秒”定义的信号。

高Q值和稳定度

从饮料灌装生产线的事例可以看出，稳定度高的饮料生产线有可能不能给每个瓶子充满饮料。稳定度高不代表准确度高。Q值高、共振曲线窄的谐振器稳定度较高，因为较窄的共振曲线能使振荡器的频率保持接近谐振器的固有频率。但如果一个稳定度较高的谐振器的共振频率不是铯原子的固有频率，那么由这个谐振器组成的钟表就算具有较高的稳定度，它的准确度也会较差。

寻找时间

回到关于饮料灌装的例子，如果一条生产线不能每次给瓶子里充相同量的饮料，但每天灌装的总量符合要求，那么这条生产线的稳定度低，但准确度高。对于钟表也一样，某个钟表的频率可能在共振曲线左右变动，但如果谐振器的固有频率是正确的，那么把较长时段内的频率测量值取平均值，或者对不同钟表在同一时间的读数取平均值，就可以获得更高的准确度。

从表面上看，如果有足够长的时间来进行测量，钟表的准确度可以通过取平均值来提高，但实际经验表明这行不通。在刚开始取平均值时，频率的波动

平均时间

是逐渐减小的，但随着测量时长的增加，频率波动不再减小，而是趋于一个常数。在更长的测量时长内，我们甚至会观察到频率稳定度又开始变差。

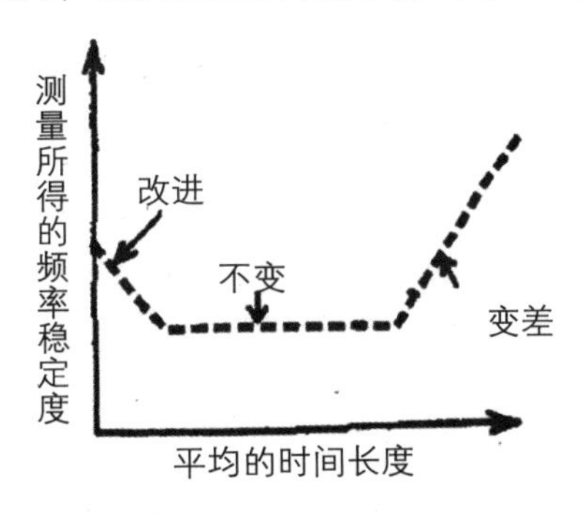

在平均时长超过某值后，时钟的稳定度不能通过增加时长得到改善的原因仍不确定，有一种解释是由于闪烁噪声的存在，它存在于一些电子设备中，有趣的是，这个噪声也存在于尼罗河水位的变化中。

Q 值的极限

人们可能会问“Q值是否有极限”。换句话说，是否可以制造出一部准确度和稳定度都高的钟表。目前似乎没有证据说明Q值不能无限提高。但在提高Q值的过程中确实存在一些实际的问题，在后面对原子谐振器的讨论中，我们会仔细探讨这些问题。这里只对此进行一般的说明。

极高的Q值对应极窄的共振曲线。除非由非常接近这一频率的振荡器驱动，否则谐振器是不会工作的。但是，怎样才能产生所需要的频率呢？

在实践中，我们可以像收听广播那样，搜索信号的频率，直到从高Q值的谐振器上得到最清晰的回应。一旦得到这个回应，就将驱动信号保持在这个频率。我们可以通过如图所示的伺服系统来实现这一点。

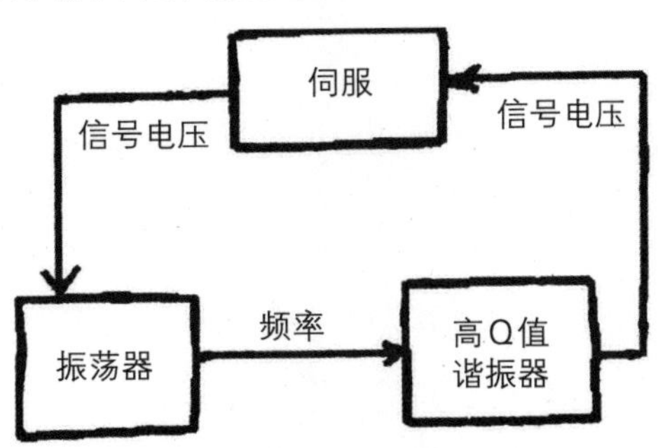

振荡器输出的信号频率是可以改变的。如果这个信号的频率在高Q值谐振器的共振频率附近，就会产生一个输出电压伺服信号。这个信号会反馈到振荡器上，振荡器再控制谐振器的输出频率。这个系统将从高Q值谐振器产生的最大响应的振荡器中寻找那个频率，然后尝试保持这个状态。

在下一章，我们将讨论基于原子的谐振器，并更深入地探讨伺服系统。理解Q值的概念，以及Q值与钟表稳定度和准确度的关系，为理解本书后文的内容打下了基础。

5 制造更好的钟表

由威廉·汉米尔顿·肖特制造的双摆钟，在机械钟制造工艺中已经近乎完美。但如果还要进一步提高精度，就需要新的方法。随着人类对自然了解的日益深入，特别是在电子、磁场和原子领域，新的钟表制作技术随之而来。然而，新方法和旧方法的原理没什么区别，甚至与200年前的都一样，钟表最重要的就是一个周期性振动装置。

像过去一样，如今的周期现象也要解决能量转化的来源和去处的问题。对于振动的单摆，能量在单摆摆动到底部的最大动能和单摆摆动到顶端的最大势能之间转化。如果能量不是由于摩擦力的存在而不断消耗，单摆会永久地来回摆动，动能和势能持续来回变化。

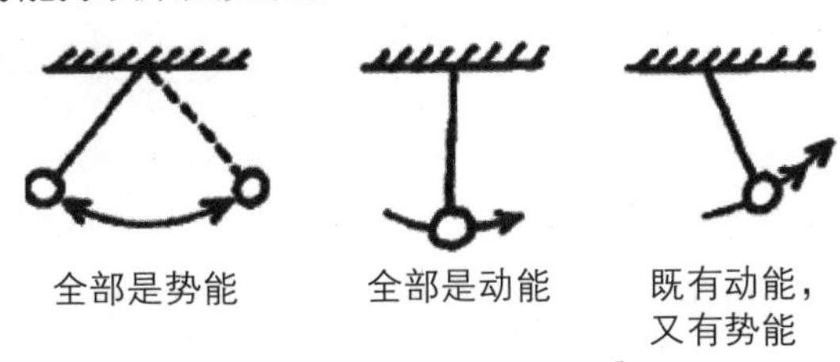

能量以不同形式存在，如动能、势能、热能、化学能、光能、电能和磁场能等。本章关注的是能量在原子和其周围的无线电波和光波之间的转换。基于这些现象构建的谐振器有很高的Q值，能达到百万量级。

石英钟（Q值：$10^5-2\times10^6$）

在这个新方向上迈出的第一大步，是由美国科学家沃伦·马日森在1929年完成的，他发明了石英晶体钟表。这个钟表的谐振器应用了“压电效应”，利用交流电压的改变引起一小片石英晶体振动的原理。某种意义上，石英钟实际也是一种机械钟表，它利用交流电压使石英晶体产生振动，而石英晶体的振动又会产生振荡电压。石英晶体内部的摩擦非常小，它的Q值在1×10^5到

2×10^6之间。石英晶体的应用使钟表制造完成了一次飞跃。

决定晶体振荡频率的因素很复杂，包括石英的切割方法、石英的厚度和由电流电压驱动的晶体的共振频率等。和小提琴琴弦类似，一个晶体可以在很多频率上振动，这些频率被称为泛音。晶体每秒振动几千次到几百万次，总的来说，晶体越薄，共振频率越高，能够实现高频晶振的晶体厚度应小于 1 毫米。因此，晶体谐振器的振荡频率与晶体的切割方法有关。

晶体谐振器是一个反馈系统，这个系统与上一章讨论的原理相似，系统本身具有自我调节能力。因此晶体的输出频率通常接近于它的共振频率。第一台晶体钟装在一个 3 米高、2.5 米宽、1 米长的表柜中，里面装有各种部件，而今天石英晶体手表已经很普遍，它是过去几十年集成电路技术发展的一个重要成果。

振动的弦

好的石英钟能将时间误差保持在每个月小于 1 毫秒，但质量较差的石英钟的精度可能几天就差 1 毫秒。石英振荡器误差的主要来源有两个。第一是温度，频率随温度改变。第二是频率随时间发生变化，很多原因导致振荡器频率缓慢地、长期地变化，比如晶体成分不纯，或者由于振动、老化等原因引起晶体内部变化。

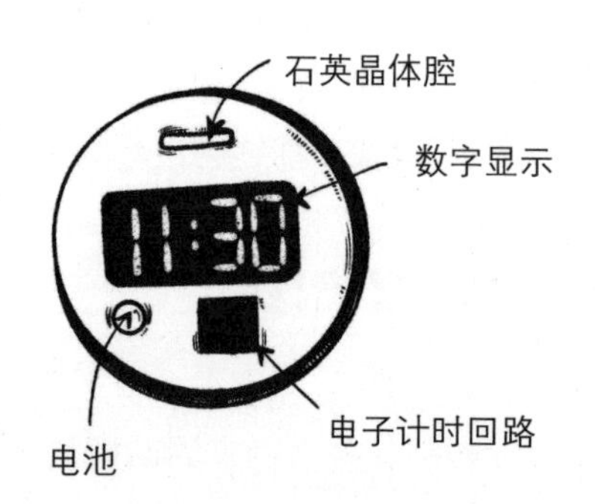

经过多年的发展，已经出现出了很多解决这些问题的方法，比如把晶体放在恒温箱或者防止干扰的屏蔽盒里。但是，就像肖特制作的双摆钟一样，精度提高到一定程度后，即使付出再多的努力，可能也无法获得更高的回报。

原子钟（Q 值：10^7-10^8）

继石英晶体谐振器后的一个重大突破，就是用原子作为谐振器。原子谐振器的Q值可以达到 10^8 量级。

为了了解原子谐振器的工作原理，我们需要从描述单摆运动的牛顿运动定律中跳出，进入量子力学的范畴。量子力学是 1900 年左右出现的一门学科，主要研究原子自身的运动和它们与外界的相互作用。1913 年，一位年轻的丹麦物理学家玻尔在英国与卢瑟福一起工作。卢瑟福是当时世界顶级的实验物理学家。卢瑟福用放射性材料发射出的 α 粒子来轰击金箔，推论出原子是由原子核和绕在其周围的电子组成，就像行星绕着太阳一样转。

但是卢瑟福的这个原子假说带来新的疑问：为什么电子总绕着原子核转？即使围绕太阳转的行星也会因为能量逐渐消耗逐渐缩小轨道，最终进入太阳当中。同理，电子也应该会因为逐渐失去能量而最终与原子核融为一体。但是事实上，电子能够持续运动，且总是围绕着原子核在一个能级旋转，直到它突然跃迁到另一个能级，伴随着跃迁，还会出现能量的释放或者吸收现象。玻尔进而得出了一个革命性的结论：电子运动的能量不会逐渐损失，而是在能级跃迁过程中以光子频率的形式吸收或释放能量。

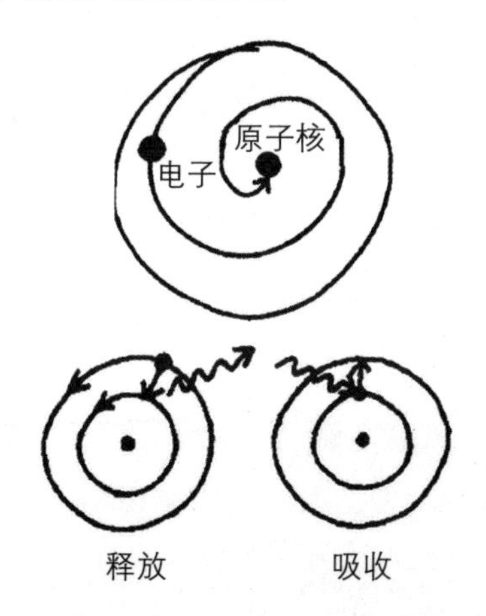

如果把原子放在一个辐射场中，它会以离散的形式吸收能量，吸收能量后的电子就能从内层能级跃迁到外层能级。如果辐射场内没有与原子跃迁所需能量相符合的频率，那么辐射场吸收原子的能量；如果辐射场内有这样的频率，那么原子吸收辐射场的能量。

辐射频率与光子能量有一种确定的关系：光子能量越大，吸收的频率越高。这个能量与频率的关系，引起了钟表制造者的巨大兴趣。这提示我们可以把原子当作谐振器，而且其辐射共振频率属于原子自身的固有属性。

这是一个技术上的突破，现在不再需要用关心钟摆的长度或者切割晶体的技术。原子是一个天然的谐振器，它的共振频率不受温度和摩擦的影响。目前看来，原子是一个理想的谐振器。

但是，制造出原子谐振器可不是一件容易的事。如何对这个谐振器的频率进行计数？如何测量这类谐振器的频率？选择什么原子最适合？用所选的原子，怎么得到原子在指定能级间跃迁而产生的频率？

实际上，本书上一章已经回答了部分问题，在上一章中介绍了一个由三部分组成的伺服系统——振荡器、高Q值的谐振器和伺服回路。振荡器产生信号，将信号传到高Q值的谐振器上，使谐振器振动，产生一个等比于振动幅度的信号，然后通过电路，将信号作用于伺服振荡器，对振荡器的频率进行调节。这个过程不断循环迭代，直到高Q值谐振器的振动幅度达最大值，即获得共振频率。

原子钟内所用的振荡器通常是晶体振荡器，高Q值的谐振器是基于不同原子产生不同的共振频率。

某种意义上，原子钟是肖特双摆钟的一种改进，高Q值谐振器对应主动钟摆，而晶体振荡器对应被动钟摆。

氨谐振器（Q值：10^8）

1949年，美国国家标准局（NBS）宣布世界第一台以原子的固有频率运行的时间源诞生，所用的是氨分子。氨分子的固有频率是23 870兆赫，这个频率属于微波范围，雷达系统就是在这个频率段工作。在第二次世界大战期间，微波领域的设备有了很大的发展，为相关研究奠定了很好的基础，人们开始把注意力放在如氨分子等粒子的共振频率上。这样，第一台原子频率设备应运而生。

氨分子由三个氢原子和一个氮原子组成，它们构成金字塔状。三个氢原子组成基座，氮原子在顶端。在量子力学中，原子以离散的形式释放或者吸收能量。氮原子可以穿过金字塔底座，到底座另一面，这就形成了倒置的金字塔。

同样，氮原子也可以跃迁回其原来的位置。同时，分子可以围绕不同的轴旋转，每个轴对应分子的不同能态。通过观察其中一个能态，我们会看到它实际上由两个不同的能级组成，能级之间很接近，这个空间使得氮原子可以既在氢底座的上方，也可在其下方。两个能级间的能量差换算成频率约为 23 870 兆赫。

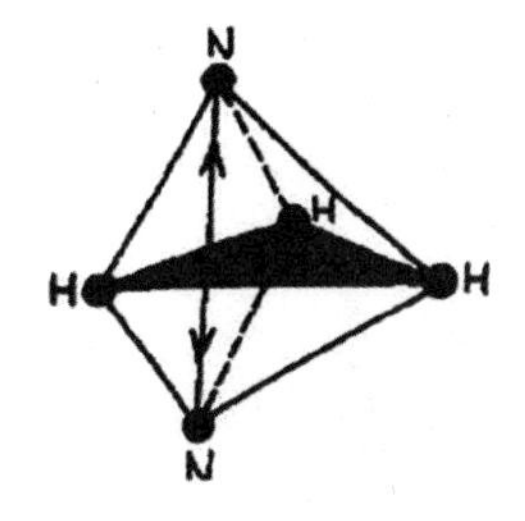

为了利用这个频率，我们需要使用由两个“单摆”组成的伺服系统：一个“单摆”是石英晶体振荡器，另一个“单摆”是氨分子。石英晶体振荡器产生一个接近氨分子跃迁频率的信号。让这个微弱的信号进入氨分子腔，如果这个信号与氨分子的共振频率接近，氨分子就会振荡并且吸收这个信号的能量。只有与氨分子频率不接近的少量信号能穿过分子腔，所以被吸收的能量与信号频率和氨分子内部共振频率的差成反比。通过氨分子的那部分无线电信号被用于校准石英晶体振荡器的频率，使其更接近氨分子的共振频率。因此，氨分子使石英晶体振荡器以接近氨的共振频率运行。

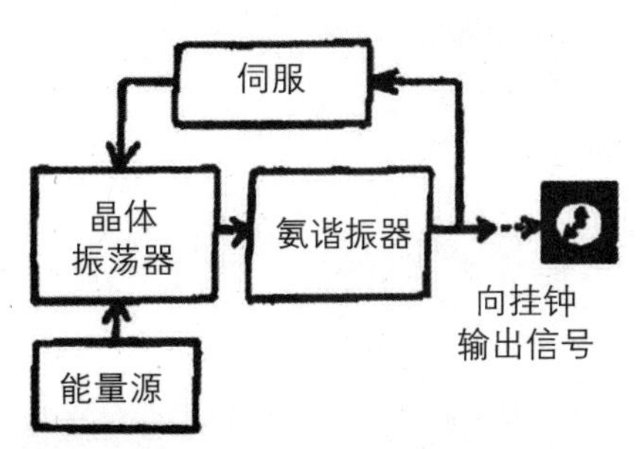

石英晶体振荡器也用于控制墙上的挂钟之类的显示设备。当然，挂钟这类钟表运行的频率非常低，例如，使用交流电的挂钟频率是 60 赫兹。为了得到这个频率，可以使用电路将石英振荡器的频率降低，这个过程就像通过调整挡位使汽车变速一样。

虽然氨分子的共振曲线比之前介绍的那些谐振器更窄，但它仍有一些缺点。第一是若两个氨分子相撞，它们之间会产生一个引力，从而改变共振频率；第二是由于分子运动，辐射的频率会产生多普勒频移。举个例子，行驶的火车鸣笛就会产生多普勒频移。当火车驶向我们时，笛声的频率变高；当火车驶离我们时，笛声的频率变低。这种现象也反映在氨分子的运动中，氨分子的辐射频率会随着分子运动发生改变。科学家们进而发现，用铯原子代替氨分子可以降低这类影响。

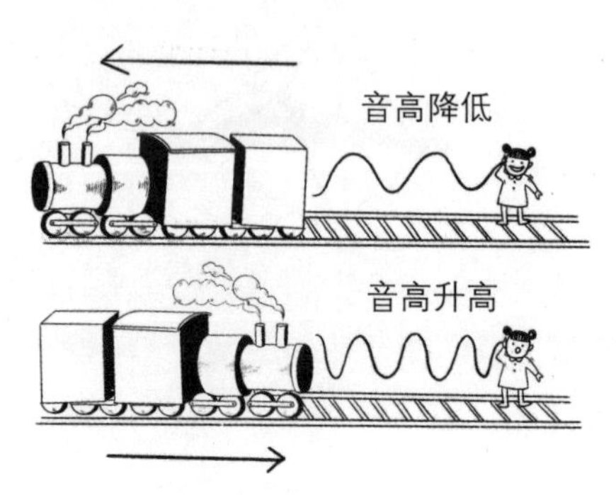

铯谐振器（Q值：10^7—10^8）

铯原子的固有频率是 9 192 631 770 赫兹。跟氨分子一样，这个频率也在无线电波的微波段。与氨的固有频率受四个组成原子相互作用影响不同，铯的固有频率是原子本身的。铯的原子核由一大群电子围绕，但是最外层的电子在一个独立的轨道上。这些电子本身有一个磁场，铯原子核自旋，产生另一个微小的磁场，两个磁场之间存在引力。

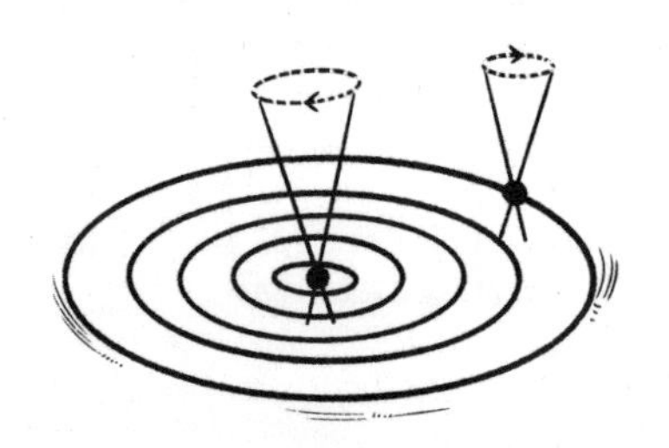

就像地球由于月亮的引力作用而摆动一样，这两个磁场也会因为彼此的引力而产生摆动（地球的摆动运动会在本书第 7 章讲到）。如果两个磁场的北极指向同一个方向，它们就在同一个能级上；如果两个磁场的北极指向方向不同，它们就在不同能级上。两个不同能级差对应的频率为 9 192 631 770 赫兹。如果把铯原子放在与其固有频率相同的无线电信号中，那么外围的电子会跃迁并吸收或者释放能量。

下图描述了铯原子束频率标准的运行方式。铯原子从左边铯炉内蒸发产生，通过准直器而形成原子束。原子束内的原子就像士兵一样“排着队”，从而避免了彼此的碰撞，这也避免了氨谐振器遇到的问题。原子束通过第一选态磁铁后，便按超精细能态的不同被分成偏转角不同的两束。其中一束得以通过微波谐振腔，与伺服晶振导出的无线电信号发生相互作用，无线电信号的频率在 9 192 631 770 赫兹。当无线电频率接近原子的共振频率时，便发生电子跃迁。这束原子通过第二选态磁铁后，视其是否发生跃迁和偏向不同位置，在某一偏转方向上放置一个原子探测器，就可以根据探测到的原子数目来判断微波信号频率是否与原子跃迁频率相符，而那些没有改变能级的原子便被探测器“忽略”。自动控制电路能够根据检测器的探测结果控制伺服晶振频率与跃迁频率一致。当无线电波频率等于铯原子共振频率时，到达探测器的原子最多。探测器产生一个与到达原子量相关的信号，这个信号反过来通过伺服晶振控制无线电波频率，也就使无线电信号的频率保持铯原子的共振频率。伺服晶振的频率与铯原子的共振频率紧密相连。

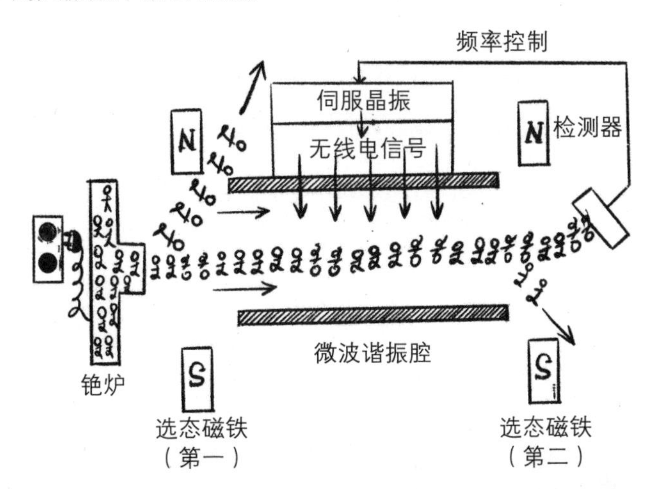

这整个过程都是自动的。伺服晶振对无线电信号的调整就像调收音机的频道，我们根据收听到的反馈反复调节旋钮，以便接收到最大、最清晰的信号。当这个情况发生时，接收机的频率就等于发送的信号的频率。

铯原子排列通过准直器，可以大大减少原子间的相互作用。以一个正确的角度把无线电信号发射到铯原子束上，使得由多普勒频移引起的频率偏差最小化，从而避免氨分子谐振器遇到的问题。铯原子不会朝信号移动，也不会远离信号，它通常会穿过无线电波信号。

10000000年里的一秒钟

实验室中高精度的铯原子束管谐振器的Q值超过1亿，而一个行李箱大小的便携谐振器的Q值是10000000。理论上，实验室振荡器能保证时间10000000年只差一秒。

高Q值的铯谐振器意味着什么呢？根据前一章内容可知，共振曲线频率偏差随着衰减时间的增加而减小，且频率偏差与衰减时间互为倒数。在铯准直器中，衰减时间是铯原子穿过准直器的时间。实验室准直器可能有几米长，从铯炉蒸发出来的铯原子穿过准值器的速度大约是每秒100米。因此，在1米长的准直器中的铯原子大约停留0.01秒，其频带宽也就是100赫兹。由于Q值是共振频率除以频宽，即9192631770赫兹/100赫兹，约为1亿。

抽运原子

多年来，人们不断地改进铯谐振器，其中的一种方式是用光抽运代替磁选态，这种方法是用一个激光光束将铯原子运送到特定的能级。在原子穿过谐振腔后，再让它们通过激光束。只有特定能级上的原子才可以吸收这个光束，同时释放能量。用感光探测器测量释放出的光能量，当周围的无线电信号频率等于铯原子的固有频率时，释放的光能量最大。

光抽运较磁选态有很大改进，磁选态只是简单地忽略不需要的原子，而光抽运的优点在于可以将所有通过光束的原子抽到指定能级，因而信号强度更高。

1993年，NIST把其主要频率标准钟换成光抽运原子钟，使计时的精度有了很大提高。

秒的原子定义

由于铯原子钟具有更高的稳定性和准确度，基于天文学观测的秒的定义在1967年被废除。1秒被用原子重新定义：铯-133（^{133}Cs）原子处于非扰动基态时，两个超精细能级间零场跃迁振荡9192631770周所持续的时间。

这也是我们早先提到的天文学和钟表制造者之间存在持续争论的一个例证。

本书第 9 章将会详细描述原子秒的定义过程。在负责提供时间基准的国家实验室并不需要像挂钟一样的大钟面和指针，提供基准时间的设备只需钟表的核心组成，其中最重要的就是原子钟，它的作用是保持时间基准的准确度和稳定性。

铷原子钟（Q值：10^7）

铷原子钟比铯原子钟的准确度低，但因为它较铯原子钟更便宜，适合一些应用场景的需求。因此，铷原子钟同样具有较强的应用价值。

原子有许多共振频率，可由光束激发，或由微波频带内的无线电波激发。铷原子钟的微波谐振腔中放有一只密封的贮存泡，贮存泡内充铷蒸汽和某些缓冲气体。由铷灯发射铷共振光，通过铷同位素滤光泡后照射到贮存泡中，在“正确”能级上的原子能量被吸收。如果微波无线电信号频率与铷原子的共振频率一致，那么吸收到的能量达到最大。随着越来越多的原子转化为在“正确”能级上的原子，它吸收到的能量也越来越多，当能量最大时，无线电信号与原子频率最接近。这和在铯原子束管中通过检测光束照射的光强度，产生控制微波频率的信号，使光束达到最小值的原理是一样的。

最好的铷原子钟的Q值是 1 亿，这意味着用它计时可以做到在几个月内只误差 1 毫秒。就像晶体振荡器一样，它的频率会随着时间缓慢偏移，因此隔一段时间需要用铯振荡器作为参考对它进行重置。这种偏移是因为光源的漂移和贮存泡内壁对铷的吸收。

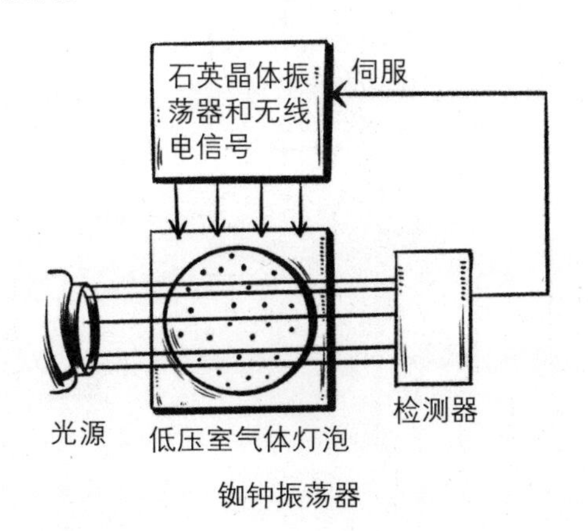

铷钟振荡器

氢脉泽（Q值：10^9）

前文曾提到了三种原子谐振器：氨、铯和铷谐振器，它们都是通过间接方法测量共振频率。如在铯振荡器内，测量的是到达探测器的原子数量；在氨和铷谐振器内，测量的是无线电波穿过原子和分子时所被吸收的信号。与上述方式不同，使用氢脉泽可以直接观察到原子无线电波或者光学信号。

美国科学家查尔斯·汤思研制出了脉泽（MASER）。他没有用振荡器，而是想办法放大无线电信号。MASER就是“受激放大微波辐射”（Microwave Amplification by Stimulated Emission of Radiation）的英文首字母缩写。在本书前面章节已经提到，任何有准确振荡周期的事物都可被看作计时装置或是钟表。使用氢原子的氢脉泽谐振器的共振频率是 1 420 405 752 赫兹。

在氢脉泽中，氢气通过一个只允许处于能量激发态的原子通过的磁门产生偏移。这些处在特定能级上的原子在通过磁门后进入一个大约几厘米直径的石英玻璃贮存泡内。这个贮存泡内部涂有聚四氟乙烯，它的功能是避免氢原子“粘”在贮存泡壁上，就像不粘锅上的涂层。这个涂层能减少由氢原子与贮存泡壁的碰撞引起的频率干扰。原子通常在贮存泡中停留一秒，然后离开，因此其有效衰减时间是 1 秒，而不是在铯束管中的 0.01 秒。虽然氢原子的共振频率很低，但其较长的衰减时间使得其 Q 值比铯原子振荡器高出 10 倍。

若贮存泡中有足够的氢原子处于激发态，贮存泡内就会发生自振荡。根据量子力学，一个处于能量激发态的原子会自发地辐射能量。虽然我们不能提前

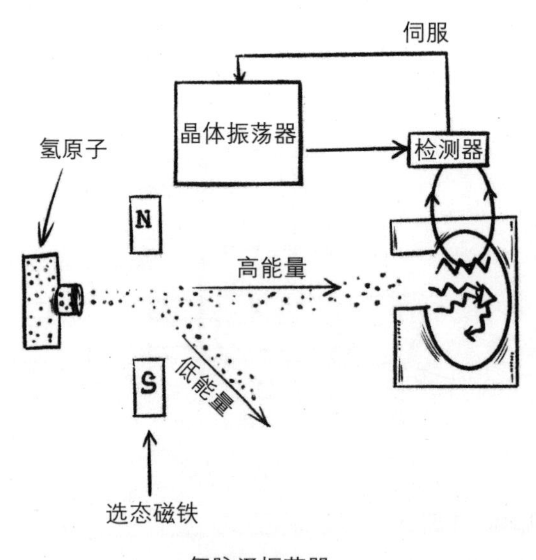

氢脉泽振荡器

知道哪个原子会释放能量，但一旦在石英贮存泡中存在足够的原子，它们之中最终必然有一个原子会自发地以共振频率释放出光子和能量。如果这个光子与另一个处于激发态的原子相撞，那么这个原子也会被激发，从而重复前一个反应，并释放出光子和能量。值得注意的是，原子的激发与激发它所需的辐射是同步发生的。这个情况就像一个唱诗班里，所有成员同时唱着同一个字，而不是不同时间唱同一个字。

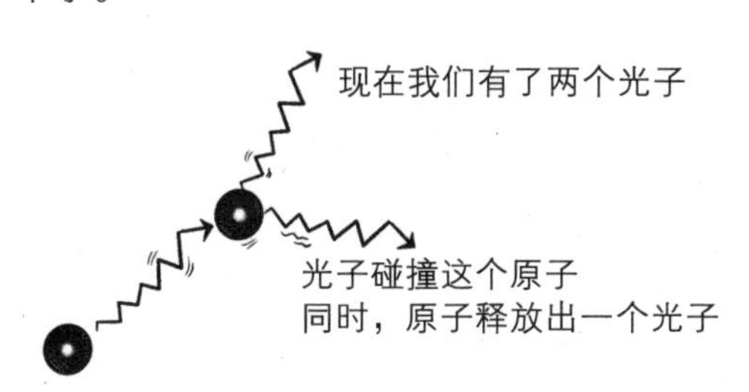

现在有两个光子在贮存泡内，它们会彼此作用于另一个处于激发态的原子。所有光子组成了一束特定频率的微波无线电信号，我们用一个接收机接收这个信号，并将这个信号传递到晶振，使晶振与处于激发态的氢原子的共振频率保持同步。整个过程的能量由处于激发状态的氢原子流持续供给，由此得到一个连续信号。

虽然氢谐振器的Q值比铯谐振器高，但它的准确度不高。这是因为由氢原子和石英泡壁间的碰撞引起的频率偏移问题尚未解决。

能否制造出更好的钟表

谐振器的Q值与衰减时间有关，而原子谐振器的衰减时间很大程度上取决于原子能“待”在容器里的时长，这里的容器可能是一个准直器或者一个贮存泡。此外，谐振器的共振频率也会影响衰减时间。只要给予充分的时间，处于能量激发态的原子可以以一定的频率自发地释放能量。由量子力学理论可知，衰减时间随着频率增大而减少，因此在高频段上的原子自发释放能量的平均时间比其“待”在容器里的时间少得多。

从第一个单摆钟到肖特的双摆钟，到目前的原子钟，钟表的发展史也是科学技术不断进步的历史。

1989 年的诺贝尔物理学奖颁给了为制造出更准确的钟表做出贡献的学者——哈佛大学的诺曼·拉姆，以表彰他一生做出的诸多贡献。拉姆的工作很大地促进了铯原子束谐振器的发展，他同时也是倡导脉泽计时的先锋。

奖项同时颁给了华盛顿大学的汉斯·格奥尔格·德默尔特和德国波恩大学的沃尔夫冈·保罗。他们的工作把计时技术带入新的阶段。相对于需要百万个原子来运行的铯原子束谐振器，德默尔特和保罗提出可用少数原子或一个原子的谐振器。这些内容将会在本书第 7 章中讨论。

人们不断寻找新的方法来制造更好的钟表。当一个新的方法形成后，人们便使用这个方法来解决问题。因此，人类的想象力才是未来制作出更好的钟表的动力。

我们之前讨论的原子谐振器太重，也太贵。同时，它们的运行和维护都需要额外工作。因此，它们现今只能用于科学实验或者一些特殊领域。但同样的问题在不久前也存在于石英晶体振荡器上，而这个振荡器现在已广泛运用于普通钟表和手表上。因此，我们有理由相信，在不远的将来，原子振荡器很有可能出现在我们的手表中。[1]

译者注

---

[1] 目前，已经出现了硬币大小的芯片级原子钟。

6 原子简史

本章将介绍一些与本书主题相关的背景知识。这样做的原因是：第一，了解量子力学理论，它是当今钟表制造的理论基础，据此人们有可能制造出更好的钟表；第二，量子力学理论伴随着天文学的发展，改变了人们对宇宙的认知。这些新的认知使我们重新思考时间的属性和它在宇宙万物中扮演的角色。

19 世纪末期，科学家们对原子是否存在仍有分歧。原子学说的出现是钟表发展史上重要的一部分，它加深了我们对“温度”的认识。而温度不仅对未来钟表的发展有重要作用，还对研究时间的属性和宇宙早期的运动有帮助。本章首先回顾历史上关于“热”和“冷”概念的发展，然后讨论它们与原子的关系。

热力学和工业革命

近几十年热力学定理的发展，带来了全新的冷却技术变革。经典物理解释了有关热量、能量和温度的总体性质，认为热量不会自发地从冷的物体流到热的物体。换句话说，必须通过做功来降低温度或者保持低温。这就是冰箱的原理。

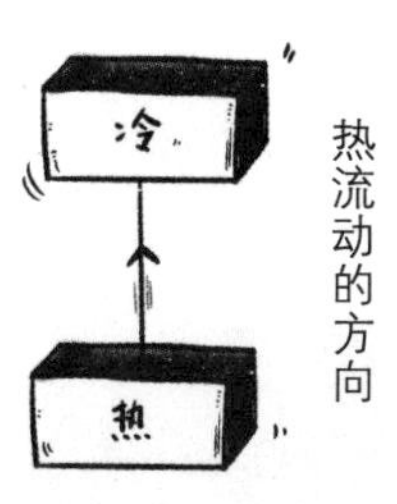

令人惊奇的是，这些定理是通过研究蒸汽机得到的。蒸汽机是工业革命的原动力。热能是物体能量的一种形式，并且物体的温度与原子运动有关。我们首先介绍与热和冷相关的重要概念，而不涉及原子。然后，再讨论热能的微观解释和由它发展而来的一项新技术，这项新技术使得物质能被冷却到非常低的温度，这为制造出更好的钟表提供了条件。

对一个物体进行冷却或加热，到底会发生什么？早先的人类已经知道通过生火来加热食物。除了住在冰川或者雪域的人，冷却对人类来说却是一个难题。19 世纪以前，人们仍不清楚热和冷其实是同一事物的两种状态。

早期的科学家认为热和冷是由称作“热量”和“冷量”的流动的物质产生的。按照这一理论，冰雪融化时会释放“冷量”，使周围物体得以冷却。而当你在黄铜上钻孔时，磨碎的黄铜片就会释放出“热量”，铜片就变热了。但这个说法有许多解释不了的现象，比如有人就指出，摩擦双手也能感觉到热量，但并没有携带着“热量”的皮肤碎屑像黄铜碎片那样掉下来。

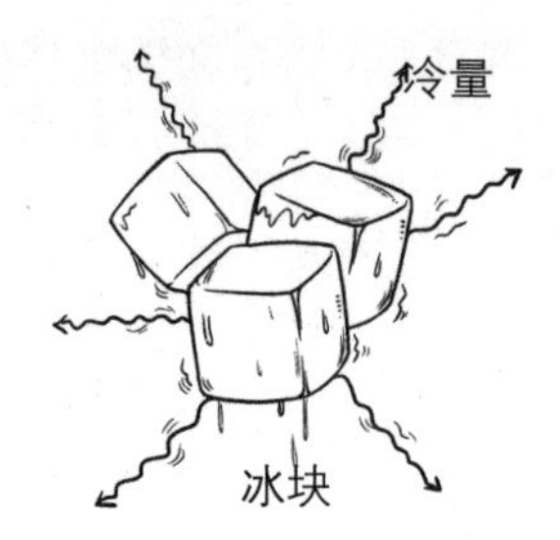

后来，生于 1818 年的英国物理学家焦耳，指出热量是能量的一种形式。他做了一个实验，把一个小搅拌器放在一个绝缘的水槽内，搅拌器与水槽外部的砝码通过绳子相连，砝码下坠时给搅拌器提供能量使其在水槽内旋转。经过多年的实验，焦耳得出一个结论：1 磅（约 453 克）砝码下落 772 英尺（约 235 米）能使得 1 磅水的温度升高 1 华氏度。这个结果与今天测出的砝码需要下落 778 英尺（约 237 米）值相近。

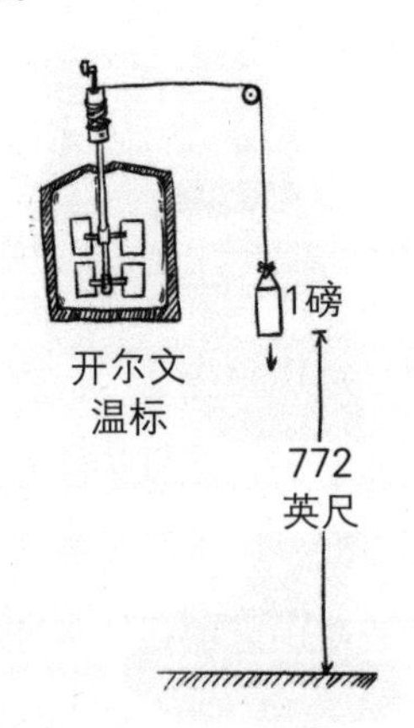

焦耳的实验推翻了有关热和冷是不同物质的假说。现在的观点是：冷是一种缺少热量的状态。但是，搅拌器怎样使水变热这个问题仍旧困惑着人们，然而，新的理论依然激发了人们的新思想。其中最有趣的一个是：如果冷是热量的缺乏，那么应该存在一个完全没有热量的状态，无论是在哪一点，它一定代表最冷状态。1848 年，由这个假设发展出了一种新的温度标准，叫作"开尔文温标"（热力学温度），这个体系中的零度代表温度的最低点。这个名称被用来纪念一位伟大的英国物理学家——开尔文。因此，这个最低点也叫 0 开尔文，或者绝对零度。

关于热的本质的争论持续了几个世纪。焦耳提出的"冷是热量的缺乏"的观点，也并没有完全否定热量是流体的假设。只是在这个理论看来，只存在一种流体，而不能分为冷流体和热流体。

热量是流体的假说有很多吸引人的地方，今天仍有"热量流动"的说法。但是，这个说法存在许多问题。比如，如果热量是一种物质，那么为什么热量高的物体不会比热量低的物体重？

拉姆福德大炮

曾经流行一种说法：热量是物体本身的属性。同时，一个普遍接受的观点是：热量与运动有某种关系。本杰明·汤姆森的实验仿佛证实了这一观点。他是一位美国出生的科学家，之后成为巴伐利亚公民，并自称拉姆福德氏。他为巴伐利亚的军队研究制造炮筒的方法，他对热量是流体这个说法持怀疑态度。在制作炮筒时，他把一个铁轴旋转着放入大炮的炮筒，把大炮的末端放到一个水容器内。当铁轴与大炮壁开始摩擦，炮体开始发热。两个半小时后，容器中的水沸腾。拉姆福德指出，只要铁轴继续旋转，大炮就会持续产生热量。他的结论是：热量是运动的一种形式，它不是一种实体，不会流动。

但是，拉姆福德的观点的问题在于：一个物体在加热之后怎样保持这个热量？一座静止的大炮中什么在运动？是否静止的大炮本身不静止？

这些问题使人们回想到公元前 5 世纪希腊哲学家德谟克利特提出的一个观点，即固体不是真正的固体，而是由无数独立且微小的叫作“原子”的“小球”组成。如果这个观点是正确的，那么一座静止的大炮就不是真的静止，它是由无数看不见的小颗粒组成，小颗粒运动越剧烈，大炮越热。

土星环和原子

宇宙由原子组成的假说是由 19 世纪杰出的物理学家詹姆斯克拉克·麦克斯韦提出的。麦克斯韦于 1831 年生于爱丁堡，他总是向父亲提出各种问题。麦克斯韦是一个有天赋的学生，他的两篇论文给老师留下了深刻的印象，同时也被刊登在爱丁堡皇家学会刊物上，那时他只有 17 岁。

在剑桥大学学习期间，麦克斯韦研究了土星环。与很多科学家一样，他认为土星环不是固体，而是由不相连的小颗粒组成。他对“飞行碎片”假说的研

土星

究，使他提出了“任何物质都是由快速运动的微小粒子组成”的假说。随着温度的升高，粒子运动加剧，麦克斯韦进一步研究了分子间的碰撞。最终，他得到了分子的平均速度与温度的关系。同时，他还发现了特定温度下的粒子速度。

分子或原子的运动产生了热量，物体越热，粒子运动越剧烈。在室温条件下，空气中分子的速度是 0—3000 千米/时，平均速度是 1500 千米/时。

使原子停止

一个很有趣的问题是：“能否把一个物体冷却到它的所有原子停止运动的状态？”科学家认为这个状态应该是物体可能达到的最低温度，即绝对零度。

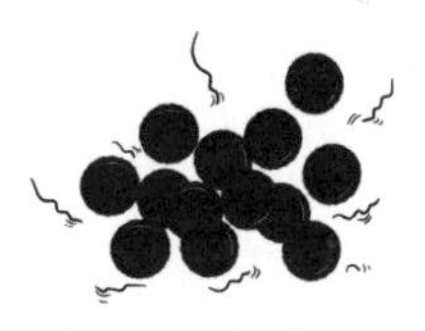

“原子，停住！”

但是，怎样才能把一个物体冷却到绝对零度，从而使它的所有原子停止运动？为了实现这一点，科学家首先把物体放到周围温度为华氏零度的环境中（大约是 273 开尔文），这与开尔文零度还有很大差异。之后通过一步一步的冷却，如今科学家已实现了温度达到 1 开尔文的百分之一的水平。然而，即使最专业的冷冻技术也无法达到绝对零度的低温极限点。

这个问题就像让一群小孩子坐在椅子上。我们可以把孩子分成几组，让他们坐在椅子上。但是，一组中总有几个孩子坐不住，不停晃动椅子。这时一个直接的方法是用带子把每个孩子都绑在椅子上，这样，就达到了让所有孩子坐下的目的。热力学定律与给孩子分组相似，因为它与平均值和物体的总体特性有关，不能描述单个分子的状态。我们需要对物体的属性有更深入的了解，并且用这些信息来解决问题。量子力学提供了一个很好的研究途径，而激光技术就像能把孩子们绑在椅子上的“带子”。

原子碰撞

上一章提到，原子不是德谟克利特所设想的那种实心圆球体，而是像一个微型的太阳系，原子中的电子围绕着原子核旋转。当电子在两个能级之间跃迁时，原子会吸收或者释放光子，而这个过程中吸收或者释放的能量与这个光子的频率直接相关。同时，原子吸收光子时，光子的频率必须等于吸收它的原子自身的频率。最后，原子会自发或者被激发释放光子。

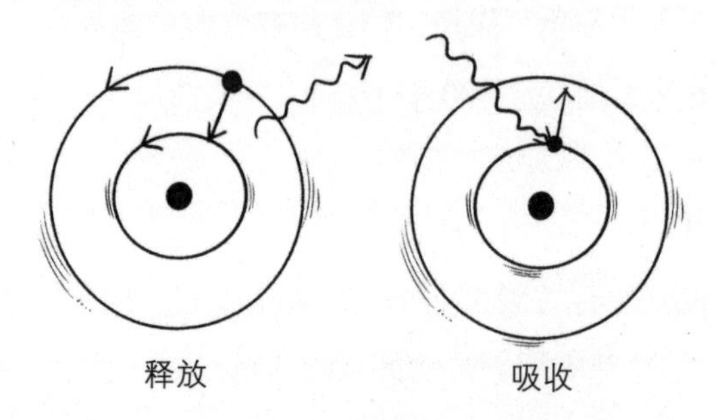

原子吸收光子的过程可以看作光子和原子间的碰撞过程。那么，两个粒子碰撞会发生什么？这取决于两个粒子的速度和质量。如下图所示，假设一颗子弹射向一块滑行中的方块，方块的滑行方向与子弹入射方向相反。当子弹进入物体以后，方块的滑行速度减小，减小的量取决于方块的质量和子弹的质量、速度。子弹的质量和速度越大，速度减小得越多。如果向方块发射很多子弹，它几乎会立刻静止。同样的原理，若对原子发射光子，原子速度会减小，从而达到冷却原子的目的。

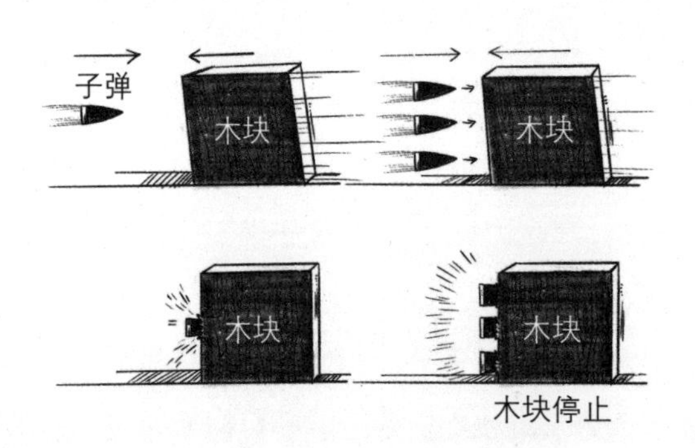

在现实生活中，没有人可以完成这样完美的“发射”。因为总会有一些“子弹”错过方块，这些错过的子弹就不能使方块减速。正所谓“失之毫厘，谬以千里”。但是，在量子世界中，光子和原子却不遵循这个规律。也就是说，即使最随意的射击也会减慢原子的速度。这是怎么回事呢？

尽管德谟克利特认为原子是一个微小的实心球体的观点，已经被原子由原子核和围绕在其周围的电子组成的观点取代了，但是在早期对原子结构的探索中，人们依然认为原子核和电子是不可拆分的实心球体。之后，奇怪的事情发生了。

两位美国科学家，克林顿·戴维森和雷斯特·盖末研究了电子在镍晶体表面的反弹情况。在最初的实验中，电子反弹的方向是随机的。但是当实验多次进行之后，电子开始仅以某个特定的方向从硬币上反弹回来。这个结果令人意外。

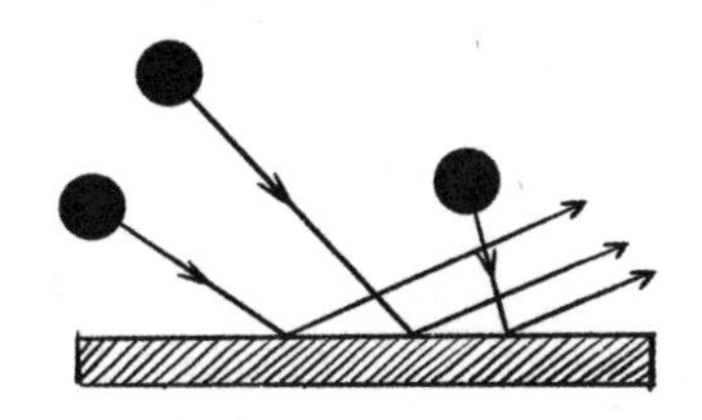

戴维森和盖末的发现之一是：电子与镍晶体表面碰撞产生的热量使得镍晶体表面成结晶状，镍原子不再随机排列，而是排成一条线。但是，如果电子是一个很小的硬球体，这个现象就不会对它的反弹路线产生影响。

经过进一步研究，电子根本不是球体的可能性越来越大，相反，它们表现出一种波动性。这解释了为什么电子会以某个固定的角度从晶体表面反弹回来，因为某些方向上的电子波是同步的，这些同步的电子波从排列起来的原子上反射时彼此加强，而另一些方向上它们不同步，因此它们互相抵消。但这里仍有一个问题，也有很多实验表明电子是以小球体的方式运动。因此，电子会不会可能既是粒子，也是波？这与一个谚语相违背——“鱼与熊掌，不可兼得”。但在粒子世界里，这似乎是可以兼得的。

电子既是粒子又是波的观点违背了当时的共识。但基于这个观点的理论却对他们观察到的现象提供了最完整的解释。这表明电子、光子和其他粒子可能被重新划分。它们既不是单纯的粒子也不是单纯的波，而是超出了我们日常认知范围的某种形态。

现在，我们用光子射向原子，未必“失之毫厘，谬以千里”。当一个光子射向原子，它们本身虽然没有碰撞，但两个波动粒子之间有相互作用，只是这个相互作用用牛顿运动定律无法解释，却可以用 20 世纪早期提出的量子力学来解释。

量子力学和物质的波粒属性问题，仍是当今哲学家们争论的焦点之一。德国物理学家玻恩最终对物质的波粒二象性做出了解释。他指出，物质波的属性没有抹杀粒子的属性，而是决定了在一个特定点上找到粒子的可能性。这个解释把物质的波和粒子属性联系起来。

当一个电子在传统显像管电视机屏幕上亮起时，屏幕显示出的是单个电子，而物质的波属性决定了电子撞击屏幕的位置。在量子力学中，我们用电子的波属性来推算电子的可能的路径。

现在，我们对温度和物质的原子属性有了更好的了解，下一章我们将回到本书的重点。

“我可能在这里……”

“我可能在那里……”

“我可能在任何地方……”

7 冷却原子钟

从德谟克利特的原子球体假说，到原子核和核外旋转电子的玻尔原子模型，再到基于玻尔原子假说不断完善的量子力学。我们不再把原子、电子和光子类比为普通的球体。

在本书第 5 章，我们认识到原子的运动和碰撞是制约钟表精度的主要因素：运动产生多普勒频移；碰撞扩大了共振曲线的频率范围。在制作原子钟时，我们需要的是：在室温下，用工具将以平均 1500 千米/时的速度运动的原子和分子减速，或者说冷却。正如我们在上一章看到的，激光就是这种工具。

纯光

从台灯或者白炽灯泡发出的普通光，是包含不同频率的杂乱的波，而能够产生单一频率的发光装置则有更多的用途。事实上，这种装置在无线电领域已经运用了几十年。而使用光发射器发射出的信息还要远远大于使用低频无线电信号发射的信息。

杂乱的波

第一台激光发射器于 1960 年问世，在很多领域得到广泛的应用。同样，它也能用来冷却原子，然后制作出更好的钟表。

激光冷却的操作方式与我们在本书第 5 章讲到的氢脉泽频率原理很相似，事实上，最初的激光装置叫作“光脉泽”。氢脉泽腔由处于激发态的氢原子填满，这些原子的其中之一自动释放一个光子，这个光子碰到另一个原子，原子受激发后又释放一个光子，光子又撞击其他原子，就这样不断持续下去。最特别的是，辐射光子和原子受激发的过程是同时发生的。因此，这些放射信号聚集起来，最终的强度足以被接收机探测到。氢脉泽和激光之间最主要的区别是：氢脉泽产生微波无线电波信号，而激光产生光信号。

第一台激光器花费巨大，但仅仅产生持续了 3 亿分之一秒的红色激光。但是，到了 20 世纪 70 年代，可调谐的激光器出现了。现在，激光技术廉价、可靠，并且可以应用于光盘播放器、光纤通信系统等诸多方面。

轰击原子

怎样用激光来冷却原子？我们先来假设一个理想模型。

如下图，一个原子正在朝一个激光束移动。这个原子沿其运动方向得到来自激光的反向“推力”。为了让原子吸收尽可能多的光子，我们需要调整激光的频率使其等于原子的共振频率。这个方法看似简单易行，但实现起来困难重重。

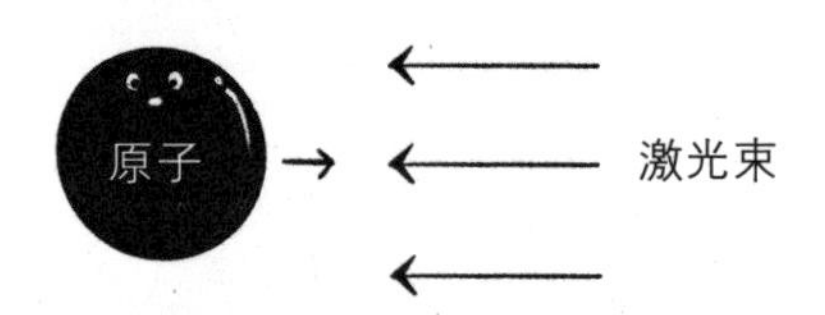

在本书第 5 章，我们得知向原子运动的无线电波信号会表现出频率偏高的特点（多普勒效应）。由于这是相对运动，使激光频率向静止的原子移动，也可以达到相同的效果。另外，移动的原子“看到”激光的频率会高于静止的原子“看到”的激光频率。换句话说，我们需要调整激光频率，使其足以克服多普勒效应的影响，从而使移动的原子“看到”它的共振频率。由于轰击会使原子减速，因此需要持续地调整激光频率，使它保持与原子的共振频率一致。

当原子吸收光子时，其电子跃迁到更高的能级上。然而，由于原子又会自发地辐射光子，电子又会回到原能级上。在那一瞬间，辐射出的光子给原子一

移动的原子“看”到一个较高的频率

如果静止，频率就会显示为正常

如果移动，频率就会显示较高

个反作用力，这就像发射子弹的枪得到与子弹发射方向相反的后坐力。这个后坐力使原子加速，加速的量等于原子最初吸收一个光子时速度减小的量。

表面上看，由于自发的辐射和吸收，这些作用力相互抵消，原子并没有减速。但事实并非如此。原子自发吸收光子时的减速方向与激光束的方向相反，但其自发放射的光子离开原子的方向却各不一致，如下图所示。结果是：自发辐射光子的作用力相互抵消，而吸收光子时所受的作用力却使原子减速。因此，原子在与激光束相反方向上速度减少的量比在其他方向上的速度增加的量多。

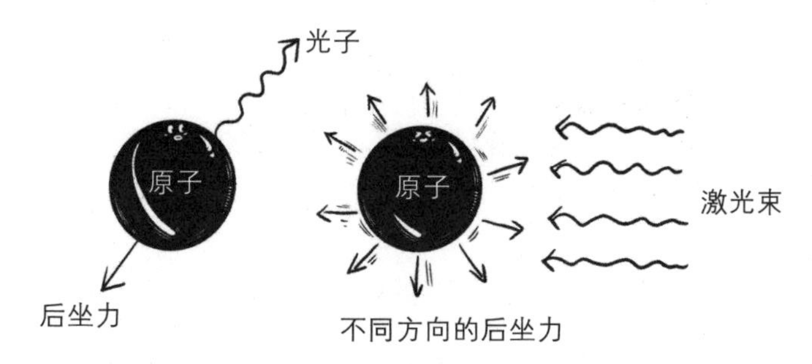

当一个原子吸收一个光子后，它不能立即吸收其他光子，直到它自发辐射出一个光子给其他光子腾出“空间”。自发辐射所需的平均时间由原子的类型

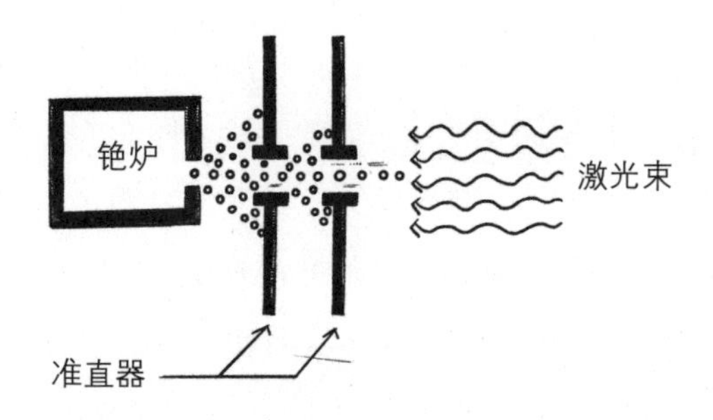

和所在能级决定。如果自发辐射需要的时间很长，也就是原子吸收光子的速率很低，就需要很长的时间才能冷却原子；如果原子自发辐射光子的时间很短，原子的冷却就会相对快一些。

以冷却铯原子为例，加热到 100 摄氏度以上的铯原子速度是 270 米/秒，如上图所示，准直器剔除了不能以直线向右运动的原子。然后用很强的激光束照射原子，以便产生足够的光子使原子减速，原子每吸收一个光子，速度约减少 3.5 毫米/秒。计算显示，一个独立的原子在约 80 000 次碰撞以后就会停止运动。

从原子吸收光子之后到吸收另一个光子之前，它必须等待自发辐射，这个时间对于铯原子大约为 32 纳秒，因此铯原子达到静止状态的总时间需求是 32 纳秒乘以 80 000，即 0.025 秒。在这段时间内，它移动约 1.3 米。

光学黏团

因为原子可能向任意方向运动，如下图所示，科学家常用三组激光束来冷却原子。理论上，因为在每个方向都存在相等且方向相反的力，原子的总体速度不会减慢。但事实上，这只对静止的原子成立。因为多普勒频移，一个移动中的原子在不同方向“看到”的力是不同的。如果把所有激光的频率调到略低于原子的共振频率的水平，那么在任何时间、任何方向上，它们对原子都会产生一个使之减速的作用力，这就像使原子通过某种黏稠的液体，科学家给这个过程起了个名字，叫“光学黏团”。

光学黏团

虽然光学黏团是冷却原子非常有效的手段，但量子力学表明，在这个过程中，原子无法完全停止运动。换句话说，达到绝对零度是不可能的，这是因为原子吸收光子的次数和重新辐射光子的方向都是随机的。也就是说，随机的吸收和辐射把原子“踢”向随机的方向，从而产生微小的随机振动，光学黏团无法克服这个难题。

经过一些激光冷却实验后，科学家可以得到非常低的温度。但激光冷却装置比原本想象的要复杂得多。严格的量子力学理论显示，激光束改变了原子的能级。因此，这种对原子的冷却事实上包含了很多步骤。

步骤之一称作“西西弗斯效应”。西西弗斯是希腊神话中一位残酷的科林斯国王。他要把一块大石头从山下推到山上，而当石头接近山顶的时候便会滚下山。结果是西西弗斯需永无止境地把石头往山上推。

“西西弗斯”效应

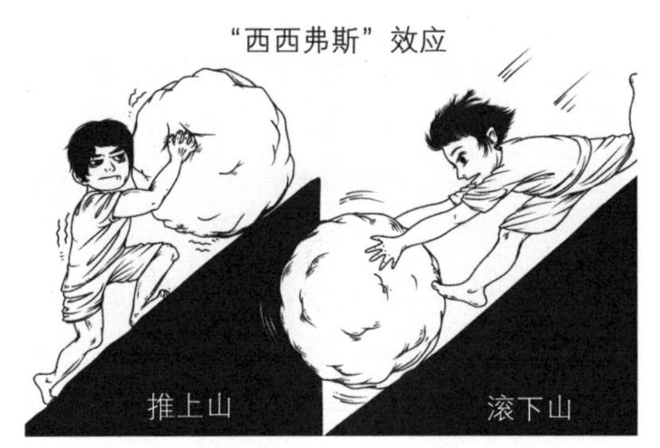

原子冷却过程与上面例子类似。因为能态的改变，原子总是向“山上”运动，而当原子到“山顶”时，它又被激光抽运到山底下。在这个过程中，就像西西弗斯一样，原子反复地失去能量，然后被冷却。

囚禁原子

某种意义上，光学黏团技术比较粗糙、笨拙，在这个过程中，原子不停地被另一群原子推挤着。更严格的方式是把原子放在一个盒子里，盒子内部越深越陡，原子越难逃出。科学家用电磁场充当囚禁原子的“盒子”。下面我们首先讨论离子的俘获——电子带负电，而失去电子的原子则带正电。

把原子囚禁
在一个盒子里

潘宁阱

科学家研究了不同类型的原子囚禁技术，这里只讨论两种最典型的技术。其中一个是“潘宁阱”，如下图所示，潘宁阱由三个带电部分组成：其中一部分呈环形，带负电荷；另外两部分呈半球形状，带正电荷。在两个半球间有大约10毫米的间隙，就是离子囚禁区域。带正电荷的半球与正离子相斥，把离子囚禁在两半球之间；而带负电荷环形吸引这些正离子。此外，还有一个垂直、静止的磁场，阻止离子向环形部分移动。所有这些“推”和“拉”的力使离子被囚禁在中间的区域内。

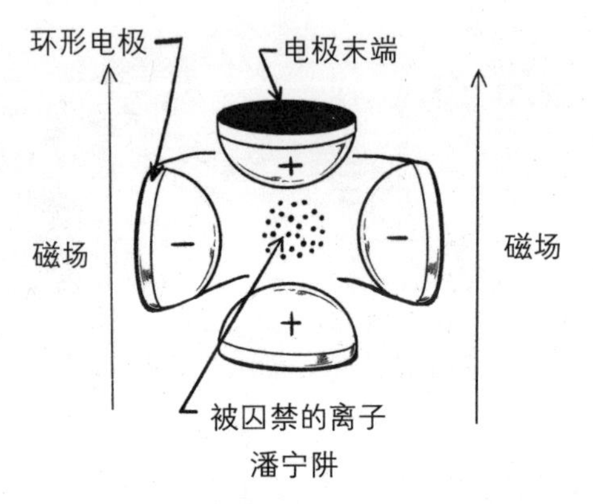

潘宁阱

潘宁阱内可以包含数以百万计的离子，但它必须在高度真空情况下工作，这样离子才不会由于空气分子的运动而离开囚禁区域。

保罗阱

另一种囚禁技术叫“保罗阱”。它的设计与潘宁阱类似，但是其中的离子不在静态磁场中，而是被射频信号限制。存在于两个半球末端和环路中的高频率

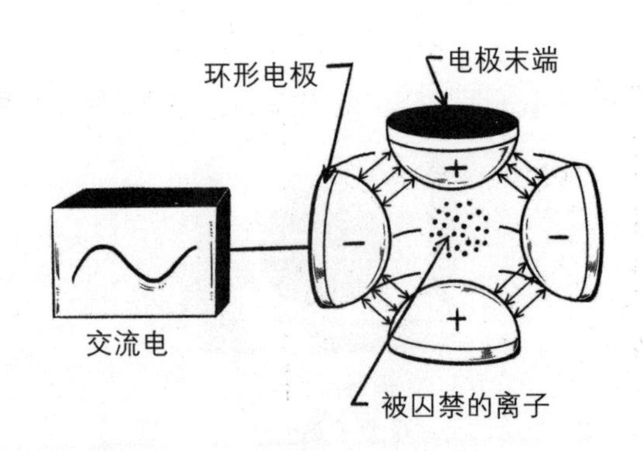

保罗阱

交流电快速转换电极，当半球末端是正极时，它与离子相斥，离子进入环路面内；当环路是正极时，它使离子保持与环路面垂直。离子因此反复在正负极之间移动，从而被囚禁起来。

1978 年，美国国家标准局的研究员用电磁阱将镁离子冷却到了 40 开尔文以下。两年后，他们把温度降到了 0.5 开尔文。由于没有碰撞，单个离子可以被冷却到更低温，几乎接近于理论极限值。

真正的冷却钟

怎样利用冷却离子得到更好的钟表？碰撞和多普勒频移是利用原子计时过程中两个待解决的问题。而当原子被冷却下来时，这两个因素的影响显著减小。

已有很多方法可以减少或者牵制离子运动，例如激光冷却和囚禁技术。而现在，我们要结合这两者，在电磁阱中用激光冷却一个囚禁的离子。

下图所示的离子囚禁在保罗阱或潘宁阱中，由一个激光束点亮，这束激光的频率略低于离子的共振频率，因此当离子向激光移动时就会减速。

理想情况下，我们希望得到一个永远囚禁在阱中心单一的静止离子。但是，实际会产生一些问题。

问题之一是，如果只由单个离子产生信号，信号太微弱，不能作为可靠的参考信号，在电路中产生合适的输出信号。为了产生更强的信号，我们需要将很多离子信号累加。但是，这样又存在离子间相互作用的问题。虽然离子间实

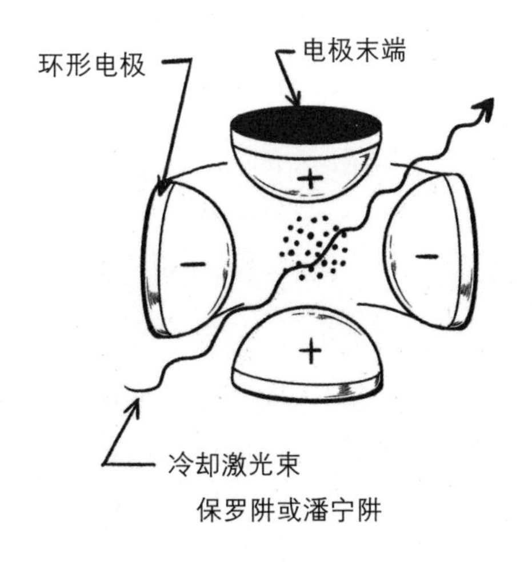

保罗阱或潘宁阱

际没有碰撞，但是与它们有关的多普勒频移最终使信号变弱。因此，钟表制造者必须用足够多数量的离子来产生足够强的信号，但又不能让离子数量多到影响所需的共振频率。

单个离子信号微弱　　过多的离子会降低信号质量

一旦离子在阱中被激光冷却，它会产生一个参考频率。举个例子，无线电光谱中的微波频率用来激发离子，使其衰减。来自激发态能级的离子累积衰减，激发能级跃迁产生可探测信号。如果这个过程可以实现，这个“冷却原子钟”的Q值会比铯原子钟要大几千倍。

第 5 章提到，Q值取决于共振频率。当其他条件相同时，共振频率越高，Q值就越大。因此，如果我们选择在几千兆赫量级的光谱中寻找共振频率，Q值会更高。此外，比起单独使用囚禁和冷却技术，离子囚禁和冷却相结合会产生更高的Q值。

在基于紫外线的共振频率实验中，单个囚禁离子的Q值可达到 10^{13}，这是在微波或者光频率领域达到的最高Q值，而第 5 章提到最好的铯钟Q值也只到 10^{9}。

使用光频率标准的问题是，很难计数它的周期。目前，基于铯原子束频率标准的原子钟，在较低的微波频段工作，相对较容易计数。但是，随着对钟表精度要求的增加，光频率标准周期计数的问题最终会得到解决。

捕捉中性原子

在早期冷却囚禁离子的工作成功后，研究人员开始探索其他的方法，他们开始关注冷却和囚禁中性原子。由于中性原子很少被电场和磁场影响，故给工作增加了难度。但“很少”被影响不代表“根本”不会被影响。

现在，已经出现了很多冷却和囚禁中性原子的方法，这里讨论其中一种。虽然这些原子是中性的，但它们仍表现出磁的性质。迄今为止，对于中性原子最有效的囚禁方法是用“磁光阱”。它把光学黏团与磁场结合起来，这个磁场不仅可调节光波、冷却原子，还能使原子到达空间中的特定一点。用磁光阱，研究人员可以在很小的区域内囚禁和冷却上百万个中性原子。

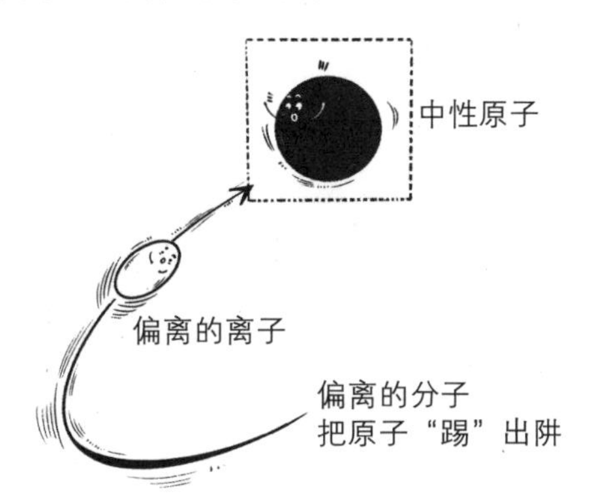

然而，因为磁光阱的限制力非常弱，其中的原子很容易会被偏离的原子“踢”出阱。即便如此，上千万个中性原子依然可以被囚禁在一个容器中一秒或更久。

使用中性原子作为频率标准在实践中遇到的困难是：它们的共振频率会随着冷却激光束和囚禁的磁场改变。目前有望解决这一问题的方法是建立“原子喷泉”。

原子喷泉

我们把一组原子囚禁在磁光阱中，并用光学黏团来冷却它们。接下来，用两个激光束，一个向上，一个向下，在光学黏团上照射 1 毫秒或者更短的时间。向下光束的频率小于向上光束的频率，因此中性原子以大约 0.25 米/秒的速度旋转向上飞出黏团。在原子向上运动的过程中，重力使它们的速度减缓，直到最终停下并落回原来的位置。在这上下运动的过程中，原子一直处于扰动的激光束外部，它们的共振频率因而得以保持不变，从而可以作为振荡器的参考频率标准。由于铯原子在喷泉中作上下运动所耗费的总时间超过了它在常规光束管内漂移所用的时间，因此，比起普通的铯原子钟，利用原子喷泉也能获得较高Q值。

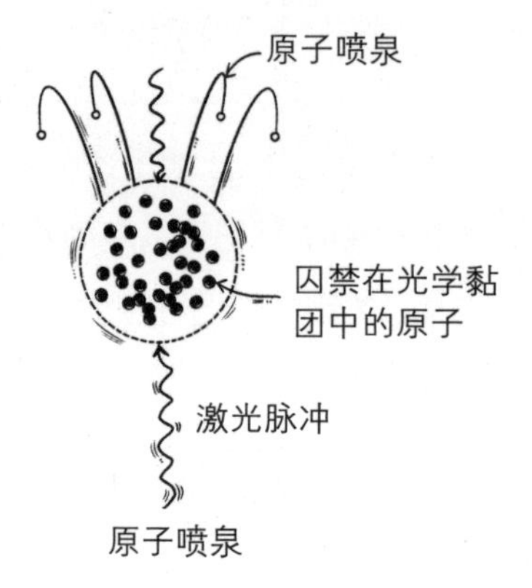

然而，用离子和中性原子制成商用原子钟还需要一个过程。不过，这个过程的困难程度远比先前从机械钟发展到原子钟的转变小。

量子力学和单个原子

除了利用激光冷却技术制作出更好的时钟外，科学家对少量静态的原子甚至单个原子的研究，也打开了通往量子力学的大门。

之前我们讨论了在能级间跃迁的电子，了解了它们释放或者吸收能量的过程。NIST的科学家和其他实验室专家已经研究了很多用激光冷却的原子。量子力学奠基人之一的薛定谔，质疑在原子个体上的量子跃迁观点。在 1952 年，他写道:“我们从未用一个电子、原子或者分子来做实验。我们通常假设我们可以做这样的实验，但我们总会得到荒唐的结果。”而现在，我们知道薛定谔是错的。

8 每个人的时间

前文讨论了科技的发展对计时技术的贡献。我们也看到这些方法是怎样在最需要准确和稳定的时钟标准的国家授时实验室得到应用的。现在我们来介绍更一般的钟表，它们的工作原理与实验室钟表相似，但是由于费用、体积和实用性等局限，它们的准确度稍差。

第一块手表

英语中的手表一词源于盎格鲁—撒克逊语的“wacian”，意为去看、去唤醒。这或许描述了古时人们晚上守夜的情况：他们晚上走在街道上，宣布时间或其他很重要的信息，如“9 点钟，休息时间到了”。

早期的钟表由连接在一根绳子或者链子一端的砝码来驱动，这种钟表的便携功能自然很差。大约在 1600 年，德国锁匠罗伯特·海因莱因发现钟表可以由盘绕的黄铜或者钢弹簧驱动。而这一时期钟表的其余部件仍是之前提到的“原始平衡摆”，但这个装置对位置的变化很敏感。

1660 年，英国物理学家罗伯特·胡克提出，金属弹簧可在钟表中作为谐振器。基于这个观点，1675 年，荷兰物理学家、天文学家克里斯蒂安·惠更斯把金属螺旋弹簧与一个旋转的平衡轮连接，使得能量可以在转动的轮子和弹簧中间传递。

胡克研制出一种新的擒纵机构，根据它的形状起名为“锚形擒纵机构”。在擒纵轮的帮助下，能量可以精确地传递到钟表的谐振器上。这个改进使得钟表的准确度提高了一个量级。因此，从 17 世纪开始，分针加入钟表表面。

手表的历史可以追溯到 17 世纪中叶。那时的手表体积很大，从现代的观点看，它们甚至不能被称为“手表”。从第一块手表出现到现在，它的内部结构逐渐改进，正如布雷利在《历代时光》一书中所说，大约在 1650 年，制作手表就是数清齿轮上的锯齿个数，估计齿轮直径，确定每小时擒纵机构跳动的次数，并且设计能够产生这个跳动次数的平衡轮和游丝，然后确定主弹簧的长度、宽度和厚度，使它能产生足够的弹力来保证每小时振动的次数，同时保持适当的弹力，最后再用当时简陋的器件制作出一块完整的手表。

锚形擒纵机构

在 1701 年，瑞士人尼古拉斯·法蒂奥发明了宝石轴承，这是手表技术史上的一个重要突破。在那之前，手表齿轮的轴是在打孔的铜板中旋转的，这制约了手表的寿命和精确度。

在 17 世纪中期之前，时钟和手表的生产很大程度取决于手工业者的技术。虽然手表由瑞士人改进，但它的生产主要分布在英国、德国和法国。手表的制造者通常被称作“钟表艺术家”，他们独立设计、生产手表，从宝石轴承和齿轮到表面、指针等。有些时候，制作一块钟表要花去他们整整一年的时间。

然而，从瑞士到美国，手表制造也逐渐受到工业革命的影响，标准化零部

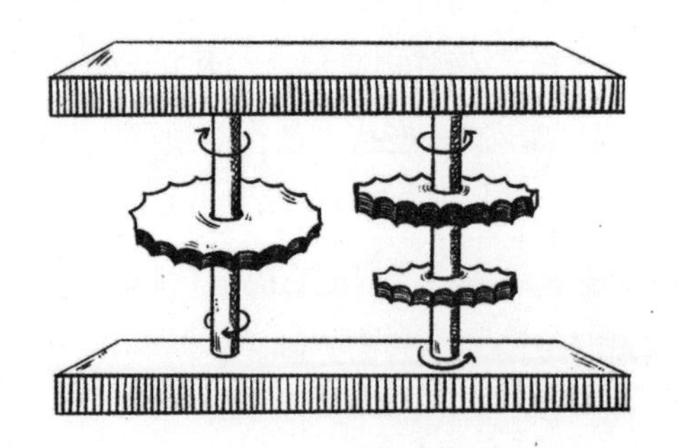

件的应用使得批量生产手表成为可能。基于这种标准化的生产模式，瑞士迅速成为世界知名的精密手表制作中心。1687 年，日内瓦制造出了约 6000 块手表。18 世纪末，日内瓦一年可制造出 50 000 块手表。1828 年，瑞士钟表制造商开始用机械制作手表，这使普通人也可以买得起表。

最终美国人利用机械和标准化零件生产出计时准确的低成本手表。在 19 世纪后期，经历过无数次尝试之后，罗伯特•霍利•英格索尔造出了著名的“美元表”。他在接下来的 25 年内卖出了一百多万块手表，在商业上取得了巨大的成功。最初的“美元表”是包装在一个镍合金壳中的怀表，但随着腕表在 20 世纪 20 年代开始流行，英格索尔还分别制造了男士和女士专用腕表。

现代机械表

20 世纪早期，不断改进制表工艺使得小而轻的手表流行起来。“一战”后，它成为男士们的最爱。同时，它也成为女士日常生活和宴会上的装饰品。

准确、稳定和可靠仍旧是钟表改进的目标。庞杂的铁路线路对钟表的准确性和可靠性提出了很高的要求。在 19 世纪后半叶，不同的火车班次间行驶通常仅差几分钟，每位铁路工作者，从车站经理到铁路工程师、售票员和铁路维修工人，都需要知道精确到秒的时间。一位铁路工作者会以有一块手表而自豪，尽管他必须自己购买符合工作规定的手表。

在电子手表出现之前，联合太平洋铁路公司对使用的手表轴承和尺寸都有严格的规定。现在则允许使用电子表。但无论使用哪种表，铁路工人在工作前都必须根据电报或电话发布的标准时间信号来核对自己的手表，从而保证大家手表的同步精度在 5 秒之内。此外，他们的手表还会受到手表监督员的不定时检查。至今，准确的时间对于铁路运行仍旧非常重要。

当今的机械手表由一个个小部件组成，这些部件的组合方式已经形成一门制造艺术。一块女士手表上的平衡轮的直径与一根火柴头的直径相同。擒纵机构一年跳动一亿次。而平衡轮一年的往复运动经过的行程超过 11200 千米。平衡轮的速率通过边缘 12 个左右的小螺丝来调整。30000 颗这样的螺丝合起来才只有一个顶针孔大小。因此微小的尘埃也会影响一块手表工作。

手表内部的润滑也是一项精细的工作。从针管滴出的一滴油足以润滑超过上千个宝石轴承。从曾经的海豚油到现代的合成润滑油，有很多物质都被用来做润滑剂。

“每晚给手表上发条——现代的人类在调整一部连亚历山大大帝都无法想象的精密科学仪器。”

——兰斯洛特·霍格

电动和电子表

1957 年，电动手表的问世标志着手表技术的一个巨大进步。这种手表的运行原理与机械手表相似。但它由电池来提供能量，而不是弹簧。两年后，音叉取代了手表中的平衡轮。谐振器的Q值随着人们所能达到的共振频率增加而增加。在机械手表中，平衡轮一秒钟往返摆动几次，而音叉一秒钟振动上百次。

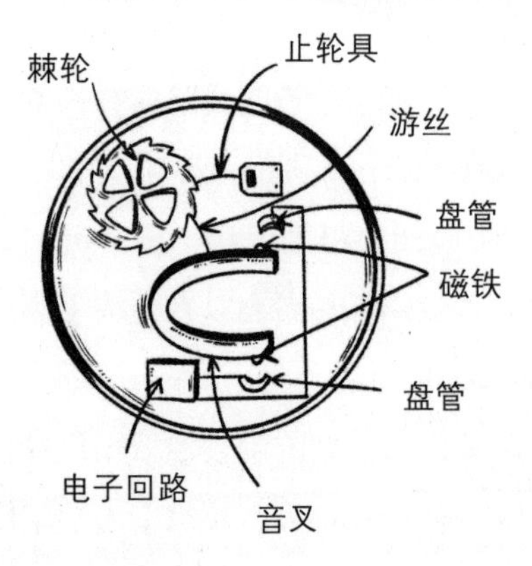

止轮具保持棘轮的转动。电子回路控制两个盘管，它们通过与音叉两端的磁铁相互作用，来保持音叉的振动。振动的音叉通过小游丝给棘轮动力，棘轮使指针转动。

因此，电子表的Q值大约是2000，是机械手表的20倍。这样的手表在一个月内时间误差小于1分钟。音叉的振动由电池、晶体振荡回路和分别装在音叉末端的两块微小永久磁铁间的相互作用来保持。

石英表

石英晶体手表，是本书早先讨论的石英钟的微型版本。它是手表发展的新一步，而集成电路的出现对它的产生功不可没。仅仅一平方厘米的小板子上集成了成百上千的晶体管和电阻器。这些电路承担着很多复杂的手表功能。其中最重要的功能是：计数石英晶体谐振器振动周期。

第一块石英手表由指针来显示时间。之后，电子读数取代了指针，显示时、分钟和秒。这些数字完全是由电子信号控制光学元件组成。石英手表一年误差在1分钟内。但对它的改进仍在进行，例如加入应对温度变化的自动补偿机制。

智能手表

几十年前，著名的漫画人物迪克·崔西展示了他的无线电手表。这个绝妙的发明使崔西不仅可以知道时间，还可以用来给总部长官打电话。这种无线电手表当时未批量生产，但目前“智能手表”已经有了类似的功能。

随着集成电路的体积越来越小，电脑芯片已经可以装进手表。戴着这块

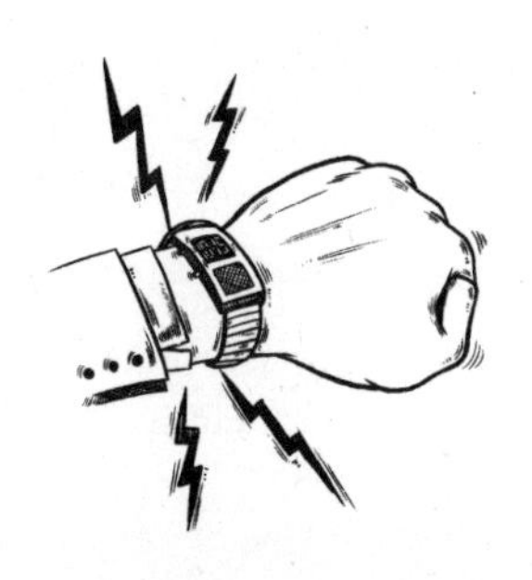

"智能手表"，你可以找到世界上任何地方的当地时间和日期、设置闹铃、做数学计算、存储电话号码和地址等。事实上，只要技术允许，钟表制造者可以将很多功能添加到手表中。迪克·崔西的这种手表已不是幻想。

时间的价值

时钟和手表的生产已形成了一种产业。每年有成千上万块钟表在全世界销售。无论是简单或是复杂功能的手表，都必须有初始时间并且需要定期校准。那么，为了获得这个"初始时间"，我们要做什么呢？

如果想要知道时间或者时间间隔，对于 99% 的人来说，一块精度在分钟量级的表便足够了。常用的挂钟或者台式钟，足以满足大多数人的日常需求，但仍有一小部分人需要更准确的时间。

一座时钟或一块手表不再走时对于大多数人而言是无关紧要的。他们可以通过很多渠道获得当前的时间。简而言之，对于很多人来说，在大部分情况下，时间的获取渠道很多，并且已经能够满足人们的日常需要。

假设你要去一个遥远的地方旅行三到四周，那里没有手机信号，也没有与别人通信的工具。当旅行结束时，你可能不需要关心手表是走快还是走慢，你仍旧可以与接你的人时间保持一致。

但设想你需要进行一天几次的观测，科学实验需要这些观测数据，而观测对时间信息的准确度要求误差在 1 分钟以内。那么，你就需要更准确、更可靠的钟表，当然也意味着需要承担它更高的造价。如果你有一台收音机就更好了，你可以用它接收到无线电台发布的时间，这样你就可以检查钟表走时并且进行调整。

普通的时间用户只需目测时间，更精密的时间对他们来说没有过多用处。而对于通信和电力公司的工程师、科学实验室工程师以及其他时间频率信息的特殊用户，则需要借助专业接收装置来获取时间信息。他们的钟表由石英晶体振荡器驱动，虽然准确度高达每个月仅相差 1 毫秒，但当需要准确时间的时候，它必须再次校准，通常一天几次。早期一个石英晶体振荡器的成本约为几百美元，它需要放置在一间特殊的房子内，其中装有温度和湿度控制装置，还需要一些训练有素的人员来看管并且调整它。通常，会有一个技术团队负责每天读取时间，观察其性能变换，并根据需要调整钟表。[1]

为了校准石英晶体振荡器，我们又会需要比它们性能更好的时间源来作参考，这就是原子钟。铷原子频率标准单价上千美元；铯原子频率标准单价上万美元。把一台便携铯原子频率标准从它的“家”带到参考钟处通常需要乘坐飞机，并且需要一位技术员监视这台便携铯原子频率标准的运行。参考钟的信息源通常来自国家的官方频率标准。

一台便携铯原子频率标准质量大概是 90 千克，它占用 1/3 立方米的空间。它的误差在几千年内累计不到 1 秒。科学实验室、电子工厂和一些电视台都在使用这样的原子钟。

在科罗拉多州博尔德的NIST的实验室内放置了一台频率基准。它拥有一间独立的房间，大约两米长，比便携频率标准大很多。它制造于 1993 年，造价在 100 万美元左右。这台频率基准用于校准其他原子钟，是NIST时间和频率服务的基础。它的准确度是 10 000 000 年累计误差 1 秒。

我们需要一台造价百万美元的钟表吗？答案是肯定的。因为我们需要用它来调整我们的手表时间。人们每天看电视、打电话，使用电动剃须刀、播放器、吸尘器或者钟表，这些最终都依赖于这台百万美元的钟表为大家提供统一的时间信息基准。飞机起飞、酒店预订、金融活动、国家犯罪信息系统等，人类生活的方方面面都需要时间信息。

时间非常廉价，它可以轻易地传递到千家万户，只有极少数人需要昂贵而精确的钟表。普通电子钟既便宜又准确，它用的是电力公司提供的频率信息，即电力公司传输的每秒 60 个周期的交流电。[2] 高精度的时间频率信息就像餐桌上的饕餮盛宴，而盛宴结束后的残羹冷炙便是常见的普通时间。

译者注

[1] 现在，石英晶振已经可以进行温度补偿。

[2] 中国大陆交流电频率是50赫兹，即交流电传输为每秒50个周期。

III 寻找并保存时间

9 时间尺度

长度用米或千米表示，质量用盎司或千克表示。当我们描述某些量时，有时还需要指明是公制单位，还是某种特殊单位。例如，海里与法定的千米的尺度就不同。同样，用不同尺度测量出来的时间也不同。而尺度本身也在随着人类对精度需求的增加而不断改变。

日历

年、月、日是由三个不同天文周期衍生出来的时间单位。这三个周期是:

- 年——太阳年——地球绕太阳一圈所需要的时间。
- 月——两个连续的新月之间的时间。
- 日——两个连续的正午太阳最高点相隔的时间。

随着用于天文观测的仪器日趋精密，人类开始发现一年中日和月的长度都在变化。早期底格里斯—幼发拉底河流域的农民将一年划分为 12 个月。两个上升新月之间的间隔时间是每月的天数，大约为 29.5 天。这些天加起来组成一年的 354 天，少于我们现在的 365 天。不久，农民们就发现他们的种植时间与历法上的季节产生了错位。为了使历法与季节一致，历法制作者们加上了额外的天数和月份，这使得最初的年的长度不固定，之后演变为 19 年为一个周期。

古埃及人最早认识到一个太阳年接近 365 天，但它需要每四年加一天。然而，古埃及天文学家未能说服立法者这样修改历法。导致季节现象和历法逐渐出现偏差。直到两个世纪后的公元前 46 年，尤利乌斯•恺撒将一年确定为 365 天，并每四年加一天，即闰年制度。但是，即使这样调整也不很准确，因为每四年出现一次闰年，使每个太阳年平均多出约 12 分钟。因此，在尤利乌斯•恺撒制定的历法使用 1000 年后，每年的小误差积累成了 6 天的总误差，这使一些重要的节日提前了很多天。

到 1582 年，总误差已经很大，因此教皇乔治八世修改了历法和相应的法律。第一，不能被 400 整除的新世纪开始的年份不是闰年。比如 2000 年是一个闰年，因为它可以被 400 整除，但是，1900 年不是闰年。这个规定使历法的误差减小到每 3300 年仅差一天。第二，为了使历法与季节一致，他规定 1582 年 10 月 4 日之后是 10 月 15 日，人为将日期移动了 11 天。

随着公历历法的普及，历法与季节同步的问题得到了解决。但是历法制订者仍旧需要面对一个问题：一年中天数和月数与地球公转的周期不符。只要历法是基于天文周期，这些问题就会一直存在，每年和每月的天数都在变化。

太阳日

同一地区两个正午太阳最高点时间间隔是一个太阳日，但根据已有的历法，一年中的天和月都不是整数。同时，我们还发现了另一个问题：随着测量时间的能力不断提高，由日晷测量所得的 2 月和 11 月的“一天”存在 15 分钟的偏差，引起这一差异的主要原因有两个：

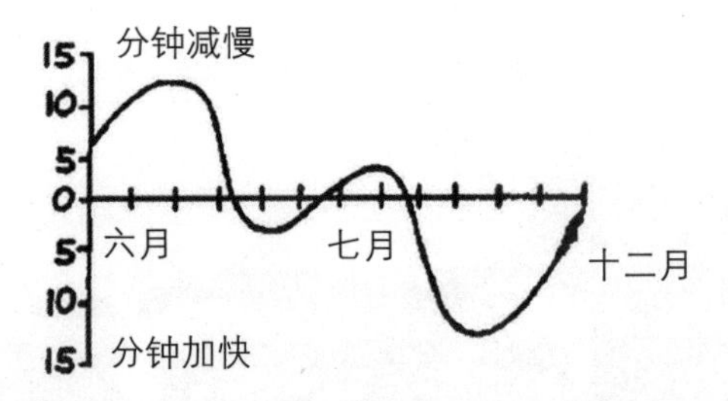

- 地球公转轨道不是正圆，而是椭圆。在北半球的冬天，当地球靠近太阳时，它在轨道的速度比在夏天远离太阳时的速度快。
- 黄道与赤道不重合，夹角约为23.5度。

综上所述，这两个原因导致了 2 月和 11 月中一天的时长不同。因为这个差异，人们定义了一个新的太阳日——平太阳日。平太阳日是一年内所有太阳日的平均周期。

恒星日

在同一经线上连续两次观测到同一恒星出现在天空中最高点的时间间隔就是一个恒星日。恒星日是否等于太阳日？答案是否定的。恒星每天会提前一段时间出现在同一地点的正上空，这是因为地球在自转的同时也会绕太阳公转。平太阳日比恒星日长 4 分钟，因为它是将遥远的恒星作为参考系，所以称作恒星日。

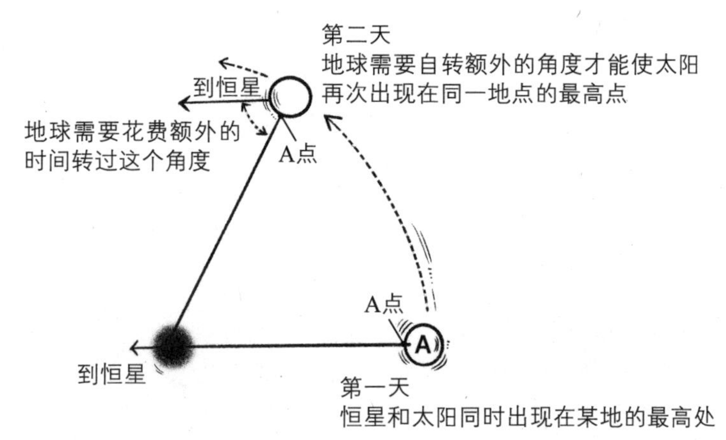

与太阳日不同，恒星日不随地球公转的变化而改变。不考虑一年或者季节变化的时间，它通常比平太阳日少 4 分钟。

那么为什么恒星日的长度几乎是常量？因为恒星离地球非常远，所以地球自转轴和公转的椭圆轨道间的倾角可以近似忽略。如果从遥远的恒星观察地球，几乎看不到公转椭圆轨道与地球自转轴的倾角。事实上，通过观察恒星来测量平太阳日，比直接观察太阳要容易得多。

地球自转

天文时间尺度中还存在一个未知领域——地球自转速率是恒定的吗？ 17 世纪晚期，已经有科学家指出地球自转速率不恒定。1675 年，英国皇家天文学家约翰·弗拉姆斯蒂德第一次提出因为地球表面的水和空气的分布随时间改变，其自转速度也随着季节的变化而改变。

更重要的是英国天文学家哈雷提出的观点，人们甚至以他名字命名了一颗著名的彗星——“哈雷彗星”。1695 年，哈雷发现月亮出现在它预计出现之前的位置。这可能是因为地球自转的速率降低，也可能是对月球轨道的预测不正确。然而，经过反复计算，哈雷没有发现月球的轨道的错误。

随后，新的问题不断出现。在 20 世纪初，一位美国天文学家西蒙·纽康提出在过去的两个世纪中，月球有很多次出现在其计算的位置之前或者之后。到 1939 年，地球自转速率不恒定的事实已经很明显。不仅仅是月球没有出现在它预计应该出现的地方，行星也没有出现在预计的地方。因此，最合理的解释是地球自转的速率不恒定。

随着 20 世纪 50 年代原子钟技术的发展，人们利用原子钟计时得到了更均匀的时间周期，这也使得深入研究地球自转速率变成了可能。这些研究结果揭示了关于地球自转速率的 3 个结论：

- 地球在逐渐减速。比起1000年前，现在的一天大约多出了16毫秒。这个减速主要由于月球的引力对地球潮汐的影响。对此，一个证据是：珊瑚上每年增加的条纹表明6亿年前地球上一天大约是21小时。

月球

地球

潮汐效应

- 南极和北极的位置每年摆动几米。精密测量表明这种摆动会产生最大30毫秒的误差。极移可能受季节更替和地球自身结构改变等因素的影响。

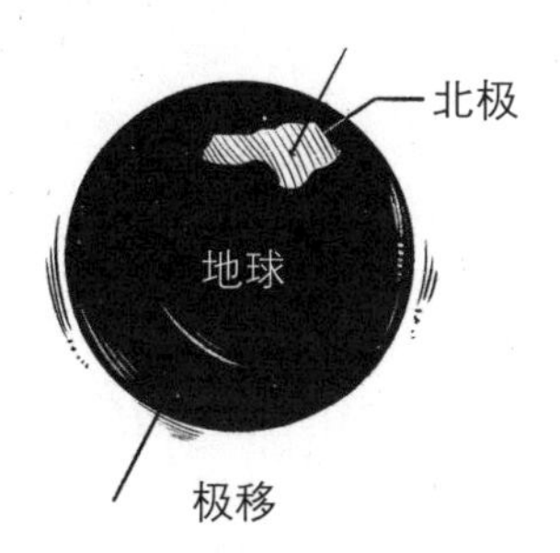

- 在地球自转速率逐年减小的同时，还另有一些规律和不规律的波动。其中，规律的波动每年的误差范围大约为几毫秒。约翰·弗拉姆斯蒂德提出，这种规律的波动是因为地球表面的季节更替：在春天，地球自转速度减慢；在秋天，地球自转速度加快。

地球自转速率的这种变化就像滑冰者踮脚旋转，随着滑冰者将她张开的手臂缩回，她的旋转加快；当她伸开手臂，旋转减慢。除非有外力作用，否则它的角动量不会改变。滑冰者是一个独立的旋转体，只有微小的摩擦力，这是由空气以及冰与溜冰鞋之间的接触所产生的。当她收回胳膊时，她需要增加转速来维持角动量平衡，反之亦然。

地球也是一个独立的旋转体。在北半球的冬天，水从海洋蒸发，累积成为高山上的冰和雪。水从海洋到高山的运动与滑冰者伸展手臂情况类似，因此地球在冬天减速；夏天，雪融化并流进海里，地球自转速度增加。

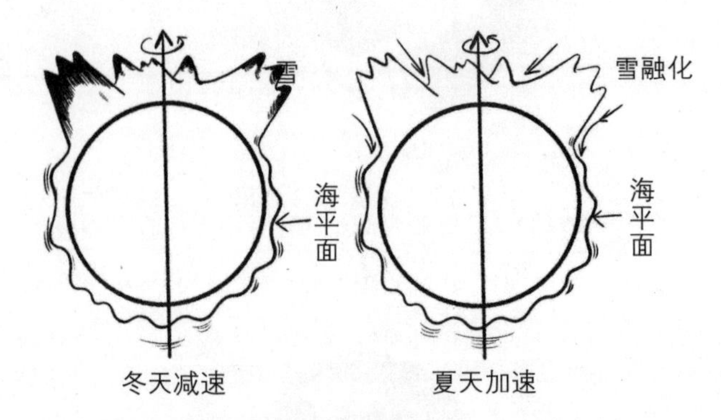

然而季节更替对北半球的影响和对南半球的影响是相反的，那么这两个影响会不会相互抵消呢？答案是否定的。原因是北半球陆地的面积远远大于南半球陆地的面积。因此，即使有作用相互抵消发生，季节更替对北半球的影响仍旧占主要地位。

世界时

世界时是以地球自转为标准的时间计量系统，它实际上是通过观测恒星的周期运动，以恒星日为媒介得到的。国际上以格林尼治天文台所在地的时间为标准计算世界时。但由于地球自转的不均匀性和极移引起的地球子午线变动，世界时的周期其实是不均匀的。采用不同的修正方法，会出现三种不同的世界时：UT0、UT1 和UT2。

- UT0是用平太阳日产生的时间尺度。因此，UT0修正了地球绕太阳运行的椭圆轨道的影响。
- UT1是在UT0基础上进一步修正地球极移效应而得到的。
- UT2是UT1经季节性变化修正而得的。

从UT0 到UT2 的每一步都会产生更均匀的时间尺度。

寻找更一致的时间：历书时

地球自转周期的时间不恒定。由于这种不恒定性，某些天文现象，比如月球和行星的轨道的预测时间会与观测结果不符。除非我们假设月球和所有行星的运动都是不可预测的，否则我们就需要接受另一个假设，即地球的转动并非匀速。

后一个假设看起来更合理，且与观测结果相符。那么，能否找到一个与地球自转无关，但可以准确预测发生周期的天文事件，利用这个天文事件确定一个时间长度。1956 年出现了历书时（ET），它是在太阳系质心框架下的均匀时间尺度。历书时是牛顿运动方程中的独立变量，是计算太阳、月亮、行星和卫星星历表的自变量。

一秒有多长？

历书时的应用对秒的定义有很大的影响，秒是测量时间的基本单位。在 1956 年以前，一秒是 1/86400 个平太阳日的时间间隔，因此一天有 86400 秒。但是，基于太阳日定义的“秒”长是变化的。所以从 1956 年到 1967 年，秒的定义改以“历书时”为基准。秒的历书时定义为 1900 年 1 月 1 日 12 时起的回归年长度的 1/31556925.9747。因此，在回归年 1900 年，历书秒与恒星秒非常接近（回归年是历法年，长度由地球运动的动力学轨道确定，与地球自转无关）。若有两个钟表，一个以历书时为基准，另一个以世界时为基准，它们在 1900 年就会非常接近。但是因为地球自转变慢，到了 20 世纪中叶，世界时已经比历书时大约慢 30 秒。

历书时的优点是有很强的一致性，它与基于牛顿运动定律计算出的时间一致。但是，历书时最大的缺点是不易验证。我们必须预测一个天文事件，并且在它发生时对时间进行校准。换句话说，为了得到现代社会需要的准确时间，为确定历书时，需坚持数年的天文观测。若要使历书时精度达到 0.05 秒，则可能需要长达 9 年的天文观测。

相比之下，世界时是通过观测恒星实现的，其定义的秒可能在几毫秒内确定。但是，因为地球自转速率的不恒定，世界时的秒仍然是一个变量。然而，我们需要一个能在更短的时间内得到的稳定的、准确的“秒”。

“橡皮秒”

到了 1950 年，科学家研制出了准确度更高的原子钟。但又出现了新的问题：由于地球自转速率的改变，即使用最精密的方法来修正世界时，世界时和原子时也很难保持一致。因此，我们需要一个新的时间尺度，这个时间尺度既有原子时的稳定度和准确度，又能与世界时保持一致。

1958 年，这种折中的时间尺度出现了。在新的时间计量系统中，秒的定义基于原子时，但它的具体时刻与UT2 保持一致，这个新的时间尺度叫作协调世界时（Coordinated Universal Time，UTC）。那么，在UTC中，每一年的秒的长度相同吗？答案是不同。因为原子秒的长度不能完全反映地球自转速率的变化。在 1958 年之后的每年，相对于稳定均匀的原子秒，实际上秒的长度都有细微的改变。人们总希望来年秒的长度与过去一年的长度相同。但很显然，地球自转的速率不可预测，因此，没有办法能提前确定某一年的“秒”与当年或者来年的长度是否一致，人们把这种长度随年份变化的“秒”称为“橡皮秒”。

科学家的共识是：当协调世界时（UTC）和UT2 的时差超过 1/10 秒时，UTC时间需要调整 1/10 秒来和UT2 保持一致。

但几年后，人们发现“橡皮秒”机制难以实施。每年，全世界的钟表都需要通过调整来适应不同的地球自转速率。这就好像如果每年“厘米”所代表的长度有小的改变，那么所有的尺子都需要通过伸长或者缩短一定长度来适应当年的厘米制。不仅仅调整钟表是一件烦琐的工作，而且对高质量钟表的调整的代价也非常高。因此，“橡皮秒”制度很快便被废除了。

原子时

原子频率标准的发展使得人们对秒的定义进入了新的阶段。“秒”可以在很短时间内准确地定下来。1967 年，第 13 届国际计量大会正式根据铯原子频率定义了新的秒长。原子秒被定义为：位于海平面上的铯-133 原子在其基态的两个超精细能级间（零磁场中）跃迁辐射 9 192 631 770 个周所持续的时间。用电子设备计数振荡周期，显示出累加量，就构成了原子秒。

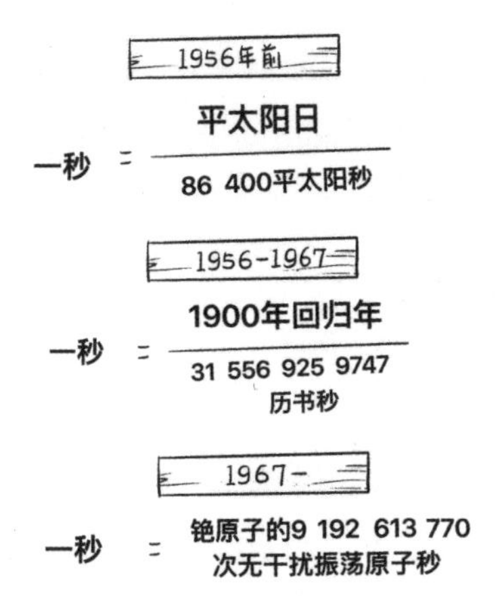

现在，秒的长度不仅可以在一分钟内精确到几十亿分之一秒，而且新的秒定义完全独立于地球运动。但是，之前的问题依然存在：地球自转速率不恒定使得原子时和世界时（UT）不一致。

UTC和闰秒

从世界时和原子时的定义可以看出：世界时可以很好地反映地球自转，但其周期不恒定。原子时虽然比世界时恒定，但其定义与地球自转无关，即原子时不能反映地球自转。

为了解决原子时和世界时不一致的问题，科学家在1972年引入了闰秒。闰秒与闰年相似，闰年是在第四年的二月末多加一天，来保持年份和日期与地球公转的运动一致。闰秒则是根据地球不恒定的自转速率加上或减去的一秒，它使UTC与UT1的误差保持在0.9秒内。通常在一年的六月或者十二月的最后一分钟加上或减去一个闰秒。届时，位于法国巴黎的国际地球自转服务组织向全球的授时系统发布调整通知，调整的这一分钟秒数为59秒或者61秒。

1972年既是闰年，又加了两个闰秒，这使得它成为现代历史上“最长”的一年。从那年起，之后很多年都加上了闰秒。

至此，UTC基本与地球自转保持同步，UTC的历元与世界时的历元相同，秒长的定义与原子时秒长定义相同。UTC成为各地时间同步的标准。

一年的长度

一年定义为地球完成一次完整的公转所消耗的时间。但是，实际上“年”有两种定义。一是恒星年，即地球在其公转轨道上从某个点开始转回其始发点所用的时间。如果从遥远的恒星观察这种运动，恒星年的长度大约是365.2564个平太阳日。另一个是回归年，它是指日常生活中用到的包含四季变换的“年”。回归年的长度大约是365.2422个平太阳日，比恒星年少20分钟。这是因为存在岁差。引起岁差的原因是：相对于恒星年，回归年的空间参考点呈长周期运动。回归年的空间参考点是“春分点”，它沿着黄道缓慢地向西移动。

天球赤道与地球赤道面重合，黄道是地球公转的轨道面。空间中的春分点和秋分点是黄道和赤道的两个交点。黄道和赤道的夹角称为黄赤交角，由地球的自转轴与黄道平面的夹角决定。

为什么空间的春分点和秋分点会缓慢地移动呢？原因之一是地球自转轴在摆动。摆动的原因是地球引力试图将其拉向一边，而自转运动产生的是一个保持自转轴不动的力。这两个力使得地球自转轴产生晃动。

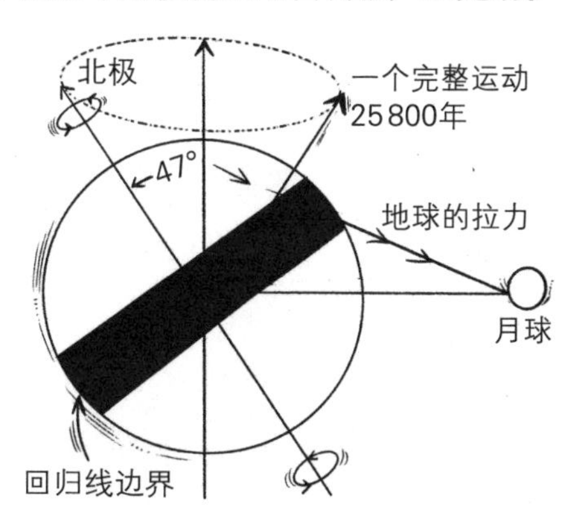

月球和太阳对地球产生引力，其中月球的引力占主导。如果地球是一个密度分布均匀的完美球体，月球引力的作用在地心，那么月球引力不会影响春分点和秋分点的位置。但是，因为地球自转，自两极到赤道区域发生不同程度“膨胀”，其质量分布并不均匀，所以我们不能忽略月球引力对地球的影响。地球自转轴围绕黄道轴旋转，在空间描绘出一个圆锥面，绕行一周需 25800 年，每年移动小于 60 角分（1 度等于 60 角分）。春分点每年微小的运动使得回归年比恒星年少 20 分钟。

守时者

简单说来，时间尺度就像米尺，是一个基本的测量单位。不同的是，它需要持续维护，并且还需与其他仪器结合使用。时间在基本物理量中是独一无二的存在，因为它在不断地改变。用于测量长度的米尺不用时可以束之高阁，在需要的时候可立即投入使用，无维护需要，也不需借助其他仪器，时间则不然。

物体的长度、质量或者温度可以独立测量。但是，测量时间必须考虑空间问题。如果得到的月、年和世纪等周期与天文学运动周期不符，简单地停止或者调钟表并不会让我们得到所需要的时间。每一秒都有其对应的时间，日复一日、年复一年、世纪复世纪地累加。因此，国家或地区之间需要就时间尺度的产生、使用等方法达成共识，这是项难以想象的庞杂工程。

时间工作者对社会发展做出了巨大的贡献。从古代开始，他们就是备受尊敬的人。古代的故事中通常会出现一位很忠实、负责的“时间看守人”。他们的工作是非常繁重的，如果他失职，对他们的惩罚会非常严重。今天授时的情况也很相似，虽然使用了更准确的、自动化的计时技术，但保持时间系统正常运行的工作仍然很繁重。工作人员必须认识到每部钟表都是一个全世界独一无二的个体。计时技术、成本和人员管理等因素共同决定了钟表的质量。

通常，我们需要更广泛的组织来确定授时信息，当中既有国内组织，也有国际组织。

世界时间尺度

计时工作最初是区域性的，比如教堂敲钟，公鸡打鸣。随着新大陆的发现和环球航行的兴起，时间的准确度成为确定经度问题的必要条件——然而这只是开始。19 世纪的工业革命催生了更广泛的交通与贸易活动。那个年代的主要交通工具是火车和轮船。国家和大陆之间的交通催生了时区的概念，而航海导航自古以来都需要准确的时间。

工业革命加速了世界范围内对准确时间的需求，也催生了许多获得时间的方式，比如众多时钟、手表、电报和后来的无线电报时。过去的计时手段依赖于宇宙中的自然频率，通常由宗教机构掌管。随后逐渐被拥有机械化时间装置的民间机构所替代。

19 世纪 40 年代，英国在英格兰、苏格兰和威尔士实行格林尼治标准时间。皇家格林尼治天文台是标准时间的运行中心。格林尼治平太阳时间（Greenwich Mean Time, GMT）作为世界官方标准时间一直使用到 1972 年。

1830 年，美国成立了美国海军天文台（U.S. Naval Observatory, USNO）。USNO 与其他国家天文台一起，共同确定天文时间。随着原子钟的发展，计时方式既有天文观测，又有原子测量。今天，很多国家把天文观测数据和原子钟数据发送给国际计量局（Bureau International des Poids et Mesures, BIPM），由BIPM负责计算现在的世界标准时间——UTC。[1]

国际计量局

BIPM位于法国赛佛尔，靠近巴黎，是负责国际标准时间的总部。它将从世界各地收集到的时间转化成UTC。

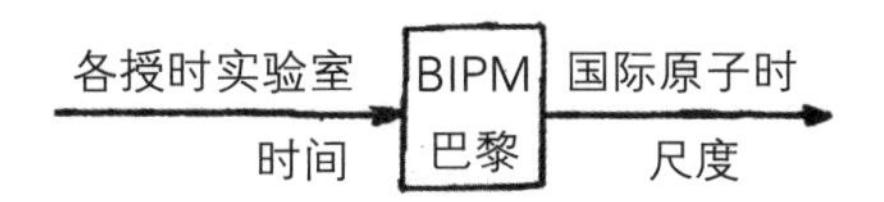

在专业的计时工作圈流传着一个经典的笑话：如果你有一块手表，你就可以知道时间；如果你有两块手表，你就不知道时间；如果你有三块手表，你又可以知道时间。

这是因为如果只有一块手表，每个人都会相信并使用它，那么它的准确度不是很重要，因为每个人都用这个时间即可。如果有两块手表，很可能出现两块手表显示不同时间的尴尬情况，无从得知哪块手表的时间是正确的。而如果能有第三块手表，假设一块表显示时间A，另两块都显示更接近B的时间，那么后两块表显示的时间会被认为是正确的。但如果第三块表显示的时间与前两块都不同，那么事情会变得更糟。

BIPM和其他计时机构面临的问题是：没有两块表显示完全相同的时间，这是个棘手的技术和政治问题。为了解决技术问题，BIPM和其他计时机构通过数学方法，从众多钟表信息中甄别出较好的钟表。这些方法通常需要计算机参与大量的数据处理。事实上，计算机已成为专业计时工作必不可少的工具之一。

计算机的作用是自动记录庞大的时间数据，然后对数据进行分析，分析钟表稳定性指标以及获得其他的量化结果。最后，计算机将所有信息汇总，产生唯一的时间，这个最终获得的时间称为“纸面时”。

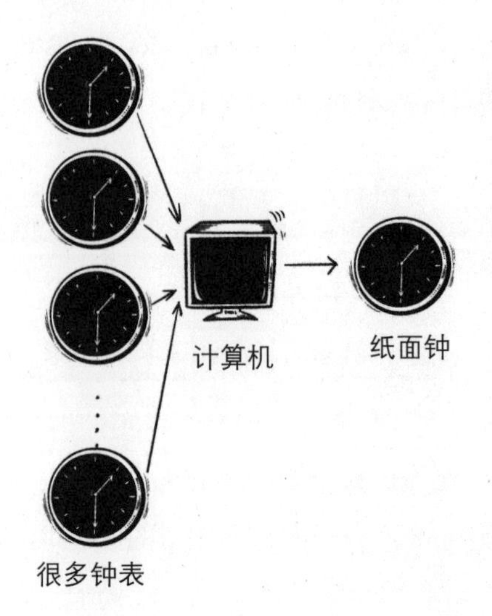

本书下一章将介绍全世界的时间与BIPM的联结方式。

译者注

[1] 我国的标准时间是 UTC（NTSC），中国科学院国家授时中心（NTSC）保持着我国唯一的独立地方原子时 TA（NTSC），为 UTC（NTSC）的控制提供了稳定可靠的参考。国际电联要求的各守时中心所保持的 UTC（k）与协调世界时 UTC 的差小于 ±100ns。UTC（NTSC）与国家标准时间 UTC 的差控制在 ±5ns 内，处于世界先进水平。

10 钟表背后的钟表

如今，人人都能通过手表或手机方便地得知时间，时间与我们如影随形。但是，如果手表停了该怎么办？或者，如果两块表的时间不一样该怎么办？怎么知道哪块手表的时间是准确的？

如果有第三块表，它的时间可能与前两块相同，也可能不同，因此这也不一定能解决问题。还有一种方法是打电话给时间服务机构，或者根据电台或者电视台的整点报时来校准手表。

“正确的时间”似乎伴随着我们，药店、法庭、银行、购物中心都有钟表。仔细观察，你会发现这些钟表显示的时间通常是不一致的，可能相差几秒钟。那么，哪一个是正确的？这些时间来自哪里？电台和电视台又是怎样得到时间的？

准确的时间信息通过特殊的无线电信号广播到全球，此类广播频率大多在调幅无线电波范围以外。因此，用户需要一台特别的无线电接收机来接收这些信号。电台、电视台、科学实验室、政府，甚至部分个人，比如需要通过准确时间进行导航的船长，都可以使用短波接收机来接收时间信号。[1]

最后一个问题：这些时间广播台的时间从哪来？答案是：各地授时机构将

精确的原子钟和天文观测相结合，产生地方标准时间，然后将不同国家或地区的时间进行持续相互比对，并由BIPM收集比对结果，综合后获得协调世界时——UTC。各地授时机构根据UTC校准自己的地方标准时间，从而获得与UTC同步的时间，最后通过位于世界各地的无线电台将它广播给用户。

搬运钟

将世界范围的钟表调整同步是一项艰巨的任务。最简单的方法是用除了主钟和用户钟以外的第三台原子钟，第三台钟分别与主钟和用户钟比对，得到第三台钟与两台钟的钟差，相减后就可以得到主钟和用户钟的钟差。这样同步的准确度主要取决于两地钟表和搬运的第三台钟的质量。通常第三台钟通过飞机运送到需要同步的地方，此过程需要全程监控钟表的状态。过去，搬运原子钟是BIPM比对不同国家时间和频率标准的主要方法。质量最好的便携式铯原子钟的频率漂移每天小于 0.1 微秒。现今，更方便、更准确的新方法已取代了这种方法。

无线电波上的时间

早在 1840 年，英国发明家亚历山大·贝恩就提出了使用电线发送时间信号的设想。贝恩申请了很多专利，但是，直到几十年后，这方面的技术才有一些重要的应用。在这之前的 19 世纪中叶，铁路已经遍布世界各地，对铁路行业而言，准确的时间信息是必须的。因此，有效的时间传递至关重要。伴随着铁路的发展，摩斯发明的电报系统也迅速地发展起来。电报时间传递技术的支持使所有重要火车站的钟表都可以获得一致的时间。

20 世纪早期，随着无线电技术的发展，广播时间也应运而生。1904 年，美国海军天文台尝试从波士顿广播时间；1910 年，巴黎埃菲尔铁塔上的天线广播出时间信号；1912 年，在巴黎举行的一次国际会议上，人们开始制定广播时间信号的统一标准。

1923 年 3 月，美国国家标准局开始广播自己的时间信号。最初，只有一个标准无线电频率，按照确定好的播报时间从起初位于华盛顿特区的短波台（WWV）规律地发送时间信号。发播时间信号主要的难点是保持无线电台的发播频率的连续，这在无线电技术发展的初期还是一件困难的事情。在 1925 年冬天的一个暴风雨夜晚，谢南多厄号飞艇在美国东海岸上空解体，这使得纽约的无线电台不得不延迟时间信号发送，以避免干扰探测飞艇的无线电信号。

WWV 后来搬离华盛顿特区，来到马里兰州的贝尔茨维尔。1966 年又搬到现在的家——科罗拉多州的柯林斯堡，位于博尔德北部 80 千米。

WWV 的一个姊妹站 WWVH 在 1948 年建立于夏威夷的毛伊岛。这个电台用来给大西洋地区和美国西北部提供时间服务。1971 年 7 月，WWVH 搬到凯卡哈附近的考爱岛上，这个岛位于夏威夷岛链的西部。同时 WWVH 还更新了一批设备，将自己的信号覆盖面扩大了 35%，这使电台的服务覆盖到阿拉斯加、澳大利亚、新西兰和东南亚地区。

NIST 多年来不断改善和拓展其短波广播的格式，以满足更多用户的需求。现在，来自 NIST 的时间信号在短波带内以多个频率进行 24 小时连续广播，信号中可以调制各种信息，比如标准音频、标准时间间隔、标准时间信号，以及大西洋和太平洋沿岸的暴风雪天气信息。用户也可以通过拨打电话查询时间信息。由于无线电和电话报时受不稳定性和时延等因素限制，这些技术获得时间信号的准确度很难好于 1/30 秒，但这也超过了人类最短的生理反应时间。[2]

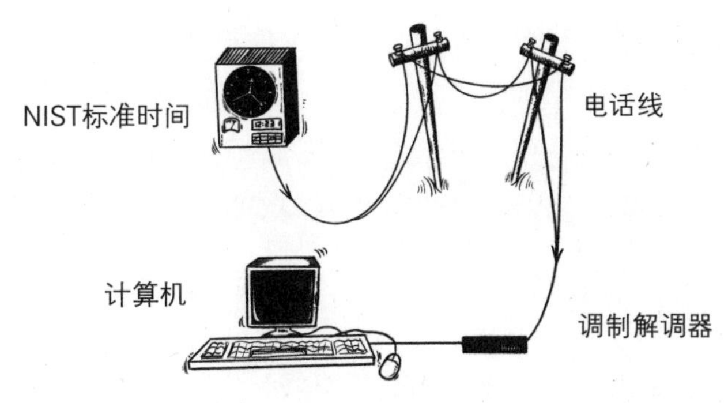

NIST还提供更先进的电话授时服务——ACTS（通过电话和网络传输的自动时间服务）。这个系统能将数字时间信号通过电话网络线路送到计算机中，从而在计算机中直接显示出UTC时间和日期。结合软件，计算机还可以自动定期校准时间。因ACTS电话授时技术能自动补偿电话传输时间的延迟，这一授时手段将时间准确度提高到了毫秒量级。

NIST还有一个WWVB电台，广播60千赫的授时信号。电台位于柯林斯堡，主要对美国国内用户提供服务。因为大气层延迟效应在60千赫相对较小（见本书第11章），这个电台能提供质量更高的频率信息，信号中的时码更适合用于自动化设备。同时，USNO还通过美国海军的通信台提供时间和频率服务。它们通过甚低频（Very Low Frequency，VLF）发播信号。如今，分布在世界各地超过30个无线电台每天广播标准时间和频率信号。

☞ **链接**

我国现代无线电授时始发于上海的徐家汇观象台的BPV时号。为了适应国家大规模经济建设（特别是大地测量）的需要，1970年12月，位于陕西蒲城的中国科学院国家授时中心（前身为中国科学院陕西天文台）开始了短波授时试播，电台呼叫号为BPM，发播频率为2.5兆赫、5.0兆赫、10.0兆赫、15.0兆赫。经过调试和扩建，BPM短波授时台于1981年7月1日起，正式承担发播我国短波授时信号的任务。该授时台覆盖半径超过3000千米，授时精度为毫秒量级。

为了建立一个完全独立自主，更高精度的授时服务体系，1987年1月2日，位于陕西蒲城的长波授时台开始正式承担我国的长波授时任务。每天24小时连续不断地发播我国标准时间、标准频率信号，发播频率为100千赫，地波作用半径为1000—2000千米，天波结合作用半径为3000千米。授时精度为微秒量级。

2007年，中国科学院国家授时中心在河南商丘建立了一座大功率、连续发播的BPC低频时码授时台。其载频为68.5千赫，精度在毫秒量级，可以有效覆盖我国京、津和长三角等地区。

中国科学院国家授时中心还提供网络授时服务，网址为http://ntp.ntsc.

ac.cn，用户可以获得秒级时间服务。

2004 年 5 月，中国科学院国家授时中心开始提供电话授时服务。语音播报专线为 029-83895117，报时误差小于 1 秒。

空中的时间

短波广播时间存在的问题是，无法基于一个电台提供覆盖世界范围的时间信号。如果用很多系统来广播时间，那么各个系统之间如何实现同步？假设全球地震研究需要记录地震开始的时间，位于A地区的时间由来自本地的电台广播时间，而B地区的时间来自另一个电台广播的时间，那么这两个电台广播的时间必须同步。否则，就会出现地震时间不一致的问题。

假设两个观测者记录同一次地震发生的时间。在A地的观测者记录到地震发生在时刻T，而B地的观测者记录地震发生在T+3 毫秒。如果两个广播时间同步，根据时间先后顺序，可以得出地震先发生在A地，随后到B地的结论。这是一个很重要的信息，因为它反映了地震发生的顺序。但是，如果两个广播时间不同步，很可能给出地震发生顺序与实际情况相反的结论，即地震先发生在B地，然后发生在A地。这个错误的结果对地震的研究就失去了应有的价值。

对于短波电台时间的覆盖区域有限的问题，一个解决方法是使用卫星广播。一颗在赤道上空运行的同步卫星信号能覆盖三分之一地球表面，因此三颗等间距的卫星几乎可以覆盖全球。

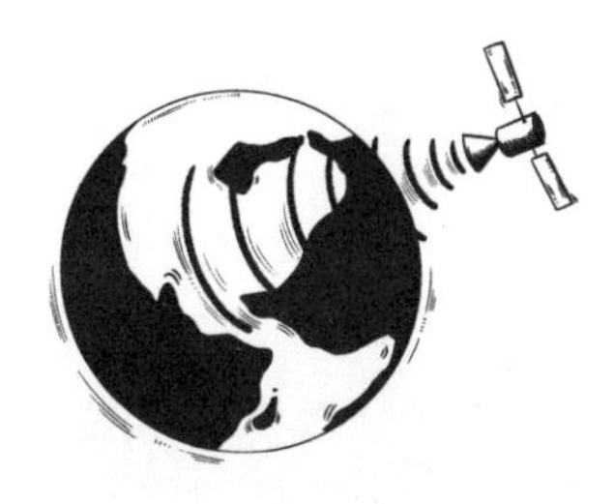

卫星广播时间

卫星发出很多带有时间的信号，特别是美国军事导航卫星发射出的信号，它是全球定位系统（GPS）的一部分。相似的系统有俄罗斯的全球卫星导航系统（GLONASS），中国的北斗卫星导航系统（BDS）和欧盟的伽利略卫星导航系统（Galileo）。

那么，什么样的信号才是好信号呢？

准确度

短波无线电传输时间信号的另一局限性是：接收到的信号比广播发出信号的准确度低。广播信号经过一个很短的时延到达听众，当听众听到时间是早晨9点时，事实上已经是早上9点过几分之一秒。如果听众知道信号在传输中所需的时间，就可以在读取信号时加上这个延迟的时间。但是，因为信号通常不是以直线形式传输给听众，所以在需要非常精确的时间信号的地方，准确地估计延迟是一件困难的事情。地球表面和电离层之间传播的低频信号路径通常是折线。因为电离层在大气层上方，它会像镜子一样反射无线电波。

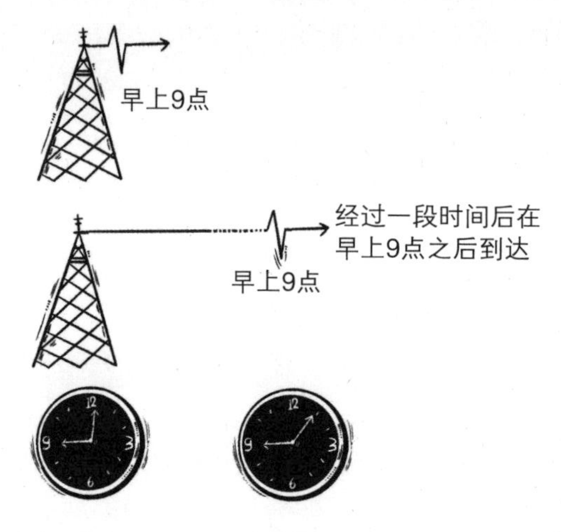

决定这个反射层高度的因素十分复杂，四季的更迭、太阳黑子的活动等都会对它产生影响。由于反射层的高度不断改变，信号的路径延迟也很难估计和预测。

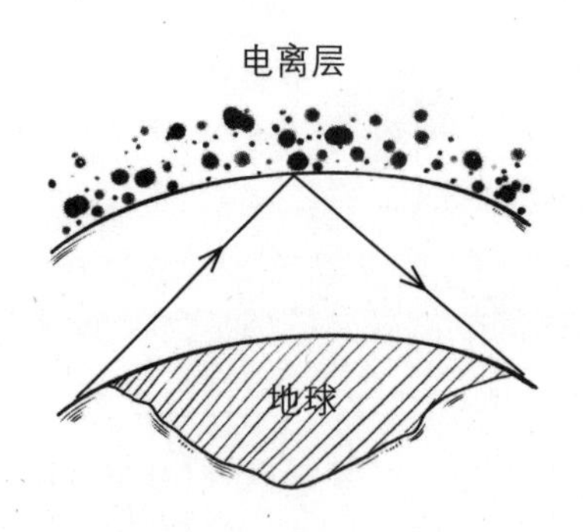

由于这些不可预测的因素，接收到不确定度好于千分之一秒的短波无线电时间信号是很困难的一件事。但对于日常 98% 的时间信息用户，这个准确度已经够用了。不过，在一些重要领域，比如高速通信系统，对时间准确度要求必须好于 100 万分之一秒。

随着对时间精度需求的提高，出现了很多方法来克服这种不可预测的路径延迟问题。比如说，不再预测延迟，而是试图测量它。一个方法是在某一时刻，将主钟信号传输到一个同步站。同步站接收到信号，再将信号传回主钟站，当信号回到始发点时记录下它的到达时间。将发出到接收返回信号的时间相减，就可以得到信号传输全程所需时间，单程的传输时间则为往返全程时间的一半。

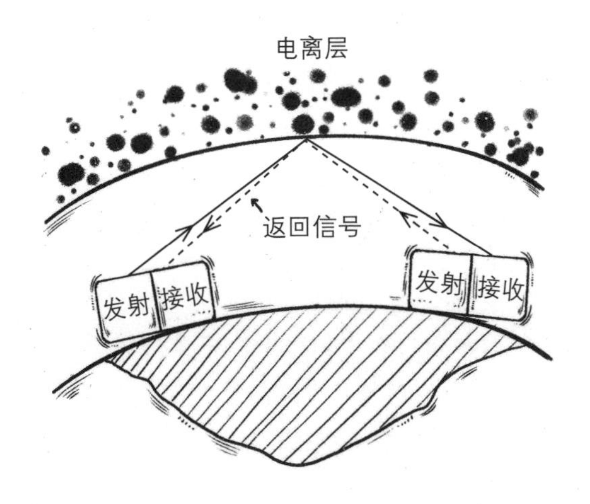

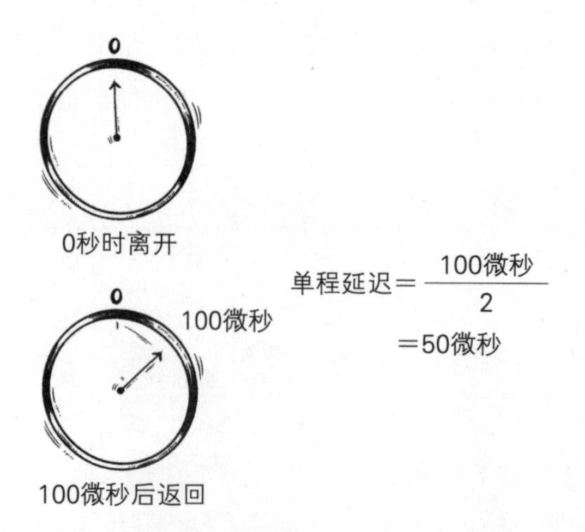

为实现时延测量过程，必须在主钟站和同步站各安装一套信号发射和接收设备来进行信号传输。这种方法最重要的应用之一就是通过卫星转发，对两地间信号进行双向传输。

之后讲到各授时实验室与BIPM的时间比对时，我们还会回到这个话题。

覆盖范围

准确度不是时间传递系统的唯一要求。如果最准确的时间信号仅能为几百千米内的用户服务，那么这种系统的应用就存在明显的局限。世界范围内的时间同步对地震等许多领域的研究非常重要。1957 年 7 月召开的国际地理年会上，科学家试图通过在世界范围内的联合观测，了解地球表面某个地理事件的发生进程与时间的关系。科学家还对一些其他需要各地时间同步的研究课题感兴趣，如太阳活动对无线电通信定位和时间传递的影响。这些信息不仅对区域和世界范围内的通信很重要，还为前文提到的时间传递技术提供理论基础和数据支持。

可靠性

可靠性是时间传递的另一个重要的因素。即使发播台持续发播信号，接收机端的信号也可能忽强忽弱。大多数标准时间和频率广播服务工作在短波段上，这个频段信号的“衰减”问题非常严重。对于研究地震发生进程的科学家来说，如果突然失去可用的无线电授时信号，研究就会遇到非常大的麻烦。

当然，多数用户可以通过其他途径解决这个问题。如可以用与当地时间一致的钟表记录事件的发生时刻，从而避免无线电信号衰减带来的损失。为了与当地标准时间保持同步，钟表需要每天调一次。

对广播电台来说，为了克服信号衰减，短波台会采用同一时间广播多个不同频率的时间信号的方式，保证至少提供一个可用的频率。

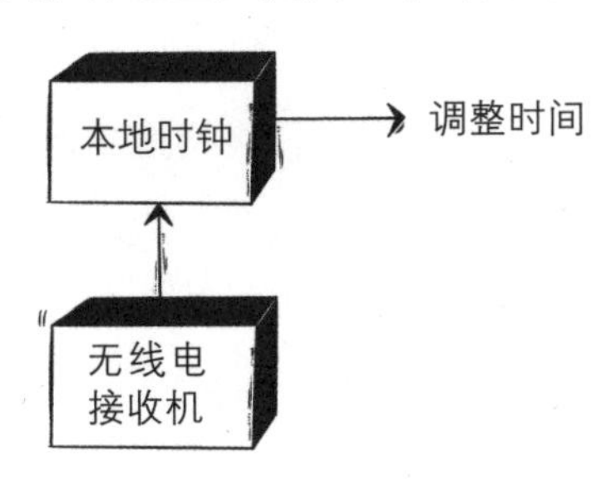

其他因素

对于广播授时系统来说，提供时间服务的主要问题并不是信号衰减，而是广播系统并非每时每刻都在工作。举个例子，如果让一个商业电视台每半小时广播一次时间，那么时间信息就可以在“应有的”时间送达用户。但事实是许多电台在深夜和清晨并不工作，于是这些时段的时间就“丢失”了。

接收机的成本也是另一个需要考虑的因素，这涉及用户所选择的系统。对于用户来说，没有一种授时系统是完美的。只能权衡利弊，选择出最适合的系统。

模糊度是指时间信号所包含的信息完整度。例如，如果用户收到以秒为单位的时间信号，那么他们可以手动调整手表的秒针与其同步，但他不一定知道怎样设置分针；如果听到播报："现在是整点 12 分"，那么用户可以手动调整分针，但依然不知道时针该怎么调整。

短波无线电信号广播的时间几乎不存在模糊度问题，广播的时间信息包括年、月、日、时、分、秒等。部分服务系统假定用户知道年、月、日信息，主要提供时、分、秒信息。但是，还有一些系统，比如作为时间源的卫星导航系统，所发布的信号有明显的模糊度，往往使用嘀嗒声来表示时间。因此，用户必须配合其他系统使用。

其他无线电授时方案

除了用于广播时间信息的短波电台以外，其他无线电设备也可作为时间溯源的参考，为其他系统提供时间信号参考源。例如低频导航系统通常将其高质量的原子频率标准与标准时间源作比对，于是它所提供的时间也就具有很高的参考价值。

电视广播信号中提供了一个尖锐的强脉冲信号，可以用于钟表同步。事实上，本书下一章还会讲到，任何一种可以在两地或者多地接收到的、具有相同特性的无线电信号，都可以用于时钟同步。当然，钟表之间不用必须与标准时间同步。但是，如果已经同步的钟表中有任何一个与标准时间同步，则其他钟表也能实现与标准时间同步。

无线电信号的广播频率非常有用，短波电台以外的不同授时系统也都有各自的优缺点，我们会在本书下一章中对此进行更深入的介绍。

译者注

[1] 目前的授时方法主要包括短波授时、长波授时、网络授时和卫星授时。

[2] 当前，一般短波台授时准确度在毫秒量级，语音报时准确度在亚秒量级。

11　时间的传递

除非能立即获取时间的改正信息，否则这个改正信息就会因“过期”而失效。但如何实现“立即”，让需要的人获得改正信息呢？为此我们需要有一种及时将时间信息发送给用户的方式，并需要考虑在发送过程中如何减少外界的干扰。

选择一个无线电频率

无线电信号的频率决定了其传播路径。不同的信号可能会在电离层和地球表面来回反射，可能在地球表面曲折地“匍匐前进”，或者可能直线传播，这些都取决于无线电的载波频率。本章将讨论从短波到长波的不同频率信号的传播特性。

甚低频（VLF）：3 千赫至 30 千赫

甚低频信号最大的优点是可以用一个相对低功率的发射机实现广阔的覆盖。几十年前，人们发现一个在临近科罗拉多州的博尔德山上发射的 VLF 信号可以到达澳大利亚——而信号广播的功率小于 100 瓦特。甚低频信号的传播距离很远，这是因为它能在地球表面和电离层之间反射，而每次反射被吸收的能量非常少。

另外，VLF 信号受电离层的不规则变化的影响较小，因为电离层不规则变

化的范围远小于甚低频无线电波波长。以工作在 20 千赫的无线电频率信号为例，它的波长是 15 千米。电离层对甚低频信号的影响就好比起伏的海面对一艘大游轮的影响效果。

甚低频信号也有缺点，其中之一是由于信号的频率很低，VLF 信号无法承载很多信息。举个例子，我们不能用一个 20 千赫的信号来传输 100 千赫的信息。调制器上的时间信息也必须是非常低的频率，甚低频信号甚至无法承载声音的频率，例如对时间的语音播报信息。

VLF 受电离层的不规则运动影响较弱，而电离层的反射高度在每天的相同时刻几乎是一样的，因此，甚低频信号的路径延迟相对稳定。即便如此，估计甚低频的路径延迟仍是一项复杂的工作。

值得注意的是，距离发播台较远的站点接收到的 VLF 信号比近处站点收到的信号质量更好，其原因是邻近站可能接收到两个信号：一个来自空中电离层对初始信号的反射，另一个来自地面传播，邻近站收到的是两个信号的混叠，这个混叠的 VLF 信号会随着与发射机距离的变化而变化，因此甚低频信号的接收机通常离发射机很远。

低频（Low Frequency，LF）：30 千赫至 300 千赫

低频的频率相对甚低频较高，但低频信号的特性与甚低频基本相同。更高的载波频率意味着信号的信息运载速率更高，即可以承载更多的信息。

工作频率是 100 千赫的罗兰C导航系统是低频无线电传播的一种典型应用，它发送脉冲信号而非连续信号，脉冲信号经两种不同路径被观察者接收。观察者先接收到沿着地球表面传输的地面波信号，称为地波。然后才会收到通

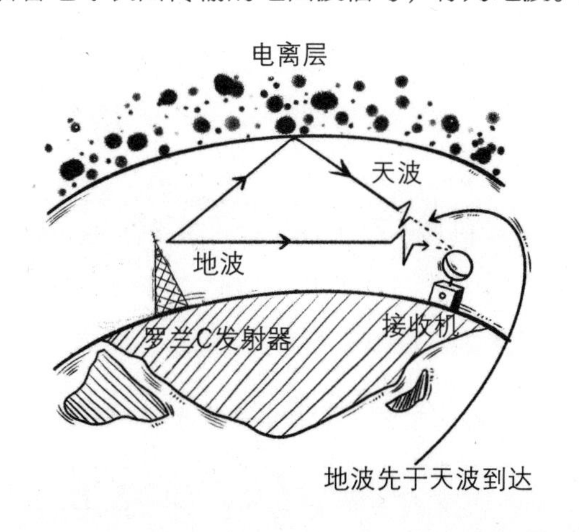

过电离层反射来的信号，称为天波。

对于100千赫频率的脉冲信号，地波先于天波约30微秒到达，这段时间足够完成对地波的测量。由于地波的路径延迟很稳定，而且其路径延迟的估计方法比天波简单，因此LF较VLF容易获得准确的时间。

然而，当低频信号的发射站与接收站距离超过1000千米时，地波信号衰减严重，此时天波占主导，与VLF的情况类似。

中频（Medium Frequency，MF）：300千赫至3兆赫

调幅广播主要处于MF。在白天，MF的天波被电离层吸收，不会被反射回到地球。因此，在大多数地区，白天仅能收到MF的地波。在夜晚，信号没有完全被电离层吸收，因此用户可以在很远的地区接收到信号。

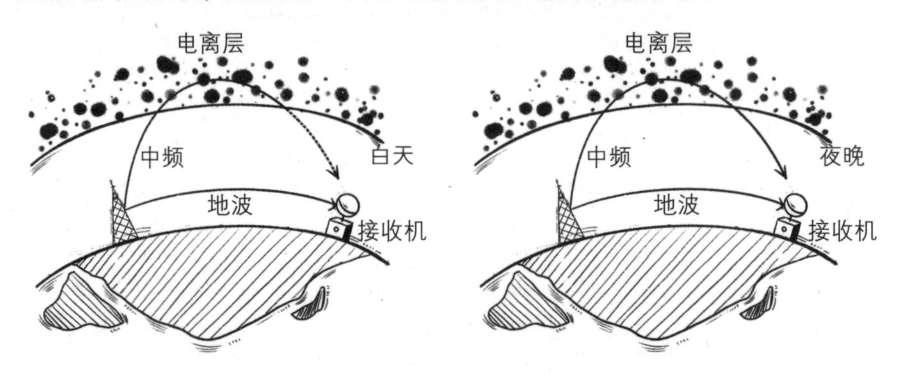

一种标准时间和频率信号的频率是2.5兆赫。在只能接收地波的白天，用户可以获得精度在30微秒的时间；在能够接收到天波的夜晚，用户可以获得精度在几微秒的时间。但是，在时间传递领域，这个频率未被引起足够的重视，未来中频有可能会有更多的应用。

高频（High Frequencies，HF）：3兆赫至30兆赫

高频通常称作短波。频率越高的信号，被电离层吸收得越少。因此，高频段信号大部分不会被电离层吸收，信号可以到达更远处。但是，由于它经过了很多次反射，对高频信号的路径延迟进行估测成为一个难题。此外，比起VLF，HF的波长短，电离层不规则运动会使高频信号的形状连续地改变。因此，在某点的信号强度会时而衰减，时而增强。在路径延迟中，信号衰减或增强交替出现，除非离发射台近到可接收到地面波，否则时间传递的准确度只能

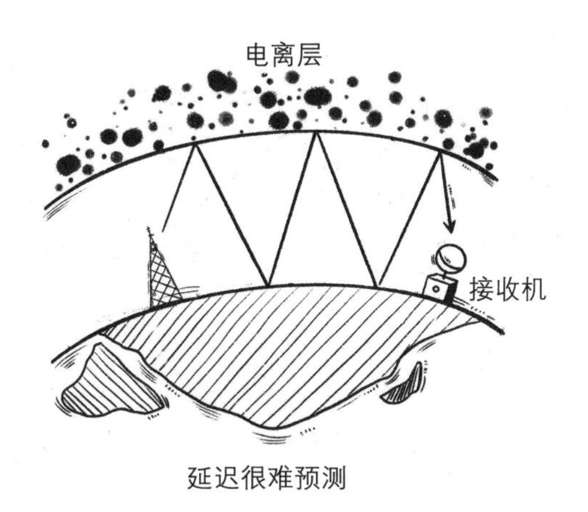

延迟很难预测

达到 1 毫秒量级。

大多数世界著名的标准时间和频率广播系统都在这个波段工作。

超高频（Very High Frequencies，VHF）：30 兆赫至 300 兆赫

超高频信号通常不会反射回到地球表面，而是会穿过电离层和大气层，发射到外太空，这意味着我们只能接收视界内的发射信号。电视广播信号工作在这个波段，所以我们通常接收不到远处电视台的信号。这也意味着，只要发射台之间的距离在 300 千米以上，不同超高频段的信号可以在同一频道工作，彼此不会干扰。

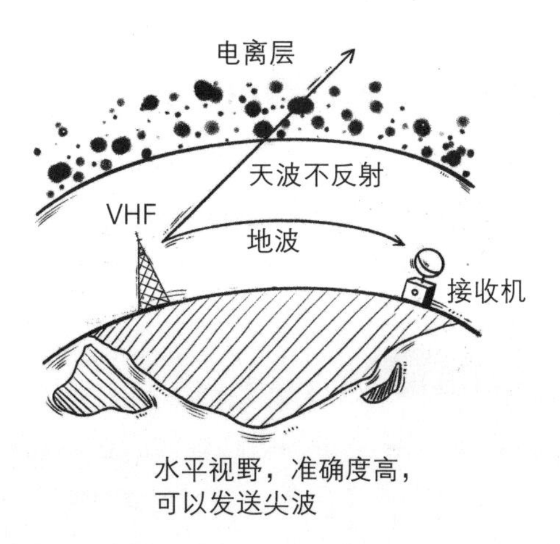

水平视野，准确度高，
可以发送尖波

然而，超高频信号并不合适授时。如果需要提供全世界或至少较广阔的时间覆盖，就需要建立很多站点，并且站点之间的时间必须同步。超高频这个波段的优点是信号不会被电离层吸收，用户可以得到没被电离层污染的信号。也就是说，路径延迟一旦确定，信号便是相对稳定的。

另外，因为载波频率很高，所以超高频段可以用于搭载非常陡峭的上升时间脉冲信号，从而准确地测量信号的到达时间。由于信号的尖峰上升时间和路径是稳定的，在这个频带内计时的准确度便会非常高，可以达到微秒，甚至0.1 微秒的量级。

高于 300 兆赫的频率

这个频段的信号像VHF一样能穿透大气层，因此信号的覆盖范围很有限。在路径上一些微小变化会引起很多问题，如“衍射效应”。然而，如果信号沿直线传播，那么在这一频段获得信号的效果会很理想。

对高于 1000 兆赫的频率，例如卫星广播的信号，信号传播时延会受天气影响。因此，为了能更准确地传递时间，我们应尽量减少电离层和大气层对信号延迟的影响。

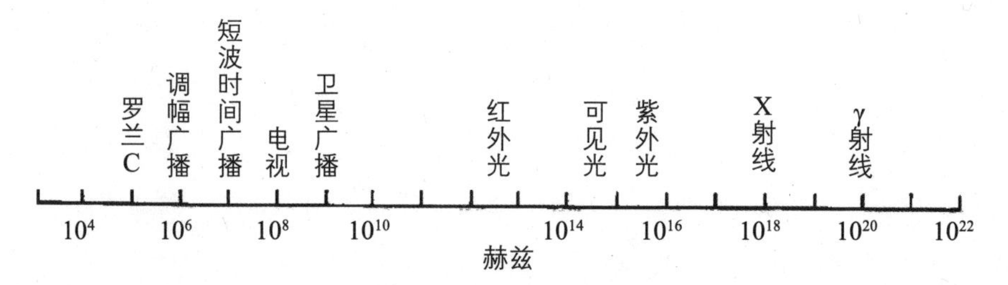

噪声——加性噪声和乘性噪声

前面介绍了不同波段信号的特性。本章将信号分两类，分别是加性噪声和乘性噪声。噪声是所有在传输系统中使正常信号受到干扰或者产生畸变的信号的统称。

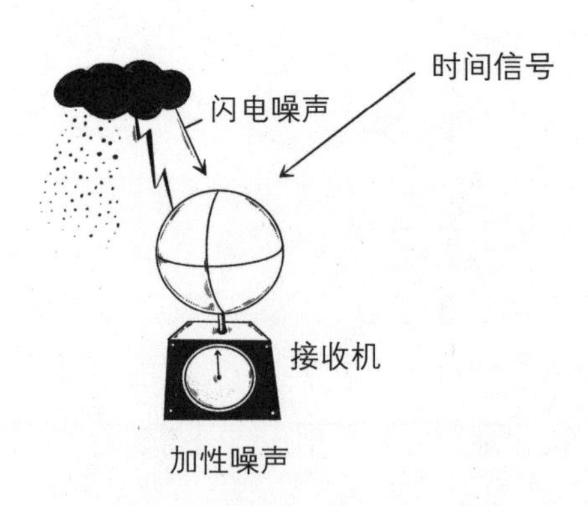

加性噪声

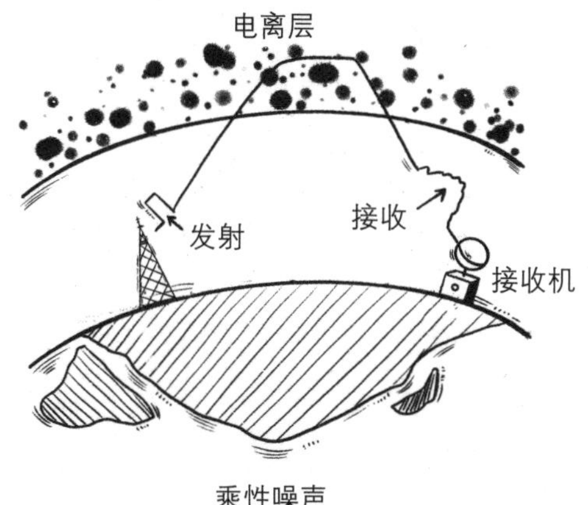

乘性噪声

加性噪声是指叠加在信号上，降低信号可用性的噪声。例如，闪电干扰带来的无线电噪声附着在时间信号上，就是一种加性噪声。

乘性噪声是指作用在信号上并使信号畸变的噪声。就像在哈哈镜中看到的自己，光线或者信号都没有损失，但它们被重新排列，使原始图像被扭曲。类似情况也发生在被电离层反射的信号上。发射站向用户发出一个优质的纯净脉冲，在信号传输过程中可能会有损失或者畸变，脉冲到达时所带的能量也许与发射时一样，但其中信息可能已经被重组。

怎样才能克服这些噪声呢？对于加性噪声，我们可以增加发射器功率，使接收到的信号信噪比增大。另一个方法是将能量分散到几个频段同时发射，部分频点的信号可能不被加性噪声污染。还有一种常用的方法是统计平均。在接收端进行多次观测，然后通过平均观测结果来降低加性噪声的影响。这个方法是切实可行的，因为多次观测获得的可用信息几乎相同，但噪声在不同时间可能是随机分布的，通过这种平均，可以抵消掉一部分噪声。

对于乘性噪声，增加发射器的功率是没有用的。就像无论你周围是光明或昏暗，站在哈哈镜前，呈现出来的图像都会被扭曲。大多数克服乘性噪声的思路就是“分集”——包括空间分集、频率分集和时间分集。

- 空间分集。我们在不同空间位置测量输入信号。空间的间隔需要足够远，使得信号被扭曲的量有区别，然后寻找信号之间的相同元素。换句话说，如果我们从不同角度看哈哈镜中的自己，被扭曲的图像是不同的，但我们身体本身不变。如果从不同角度照镜子，我们被变形的部分会相互抵消，从而呈现出真实的自己。
- 频率分集。用不同频率发送相同信息。信号在各频率上的畸变不同，通过平均可以得到接近真实的信号。
- 时间分集。在不同时间发送相同信息。如果每次发射的信号都会出现畸变，那么可以将多次信号重构，获得原始信号。

三种时间信号

我们可以通过三种不同的信号获得时间信息。最显而易见的是授时台发布的信号。例如WWV广播时间或者电话授时。这个方法最显著的特点是信息以相对直接的方式到达用户，用户不用进行过多处理。

第二种是接收一些隐含时间信息的信号。罗兰C导航系统就是一个很好的例子，在这个系统中，为导航应用而发射的脉冲信号与原子钟的时间是同步的。虽然我们不会得到某个脉冲的绝对时、分、秒信息，但这些信号与发射时间关系密切。因此，只要我们测量脉冲的到达时间并掌握它与控制站自有时钟的关系，就可以使用罗兰C系统传递时间信息。在美国，从海军天文台就可以获得有关罗兰C的信息。

第三种是用无线电信号来同步时间，而不需要发射机来提供额外的信息，甚至不需要了解信号本身，这个过程叫作“共视比对”技术。这个方法很早已经开始使用，位于科罗拉多州柯林斯堡的短波WWV和WWVB无线电台发出的标准时间和频率信号就是用这种方式溯源到位于博尔德的NIST实验室的国家频率标准上。

这里用一个例子来介绍第三种方法。一个传统电视信号由很多快速连续的短信号组成。每个短信号对应显像管电视机屏幕上的一条线，大约停留63微秒，并且通过脉冲形式告诉电视机下一条信息已到位。假设我们现在在博尔德以NIST国家频率标准为依据，记录接收到某个这样的脉冲（即所谓“同步脉冲”）的时间，而在WWV站的人，也以同样参照对同一个脉冲的到达时间进行监测。

如果这个发出信号的电视台与博尔德的距离比WWV站所在的柯林斯堡离博尔德更近，那么在博尔德，我们看到这个“同步脉冲”的时间会比在WWV看到的早，并且它需要一段额外的时间到达WWV站。假设测量出额外的路径延迟，那么我们就可以比对博尔德和WWV的时间。

在博尔德的测量员可以打电话给柯林斯堡的测量员，告知对方自己的测量数据。如果两个钟表同步，那么博尔德测得的到达时间减去柯林斯堡的到达时间，就是信号在博尔德和柯林斯堡之间的路径延迟。如果测量结果大于或小于路径延迟，就说明两个钟表不同步，反之，还可以通过减去已知路径延迟量得到两钟之间的时差。

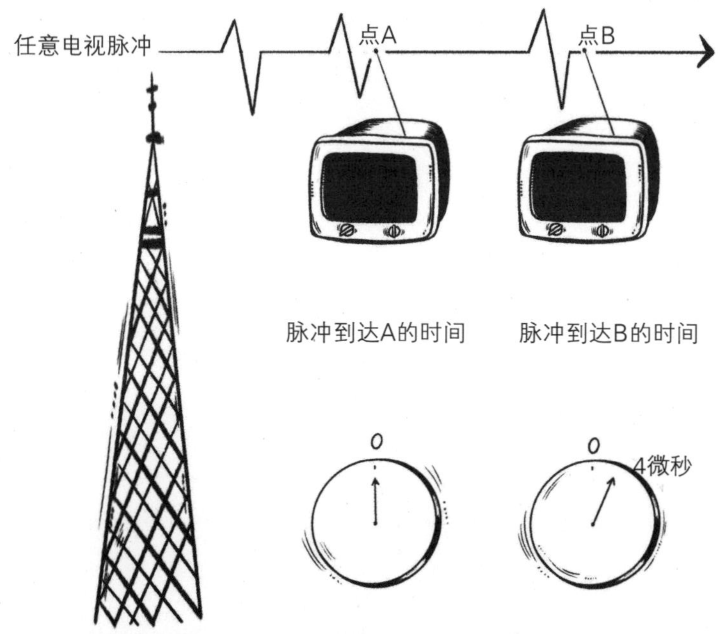

已知信号从A传输到B需用4微秒。为了检查两点钟表的同步性，每个点记录同一脉冲到达的时间。如果钟表是同步的，信号到达两点的时间会差4微秒；如果钟表不同步，就可以用差值来确定两点钟表的不同步量。

通过观察同一个无线电信号到达各地的时刻，我们可以同步各地的时钟。不过与前文所述电视信号类似，这种方式要求无线电信号中掺杂有非常尖锐的脉冲，且能不受电离层干扰。这种信号的覆盖范围有限，通常是以电视台为中心，半径约 300 千米以内。

之后会讲到基于卫星信号发展而来的授时技术，它已经成为国际时间同步的重要方法，国际权度局（BIPM）就采用这个方法进行全球时间同步。

获得时间的方法可以很容易，也可以很复杂，这取决于用户位置和对时间精度的要求。

Ⅳ 时间的应用

12 标准时间

本书讨论的时间是指事情发生的时刻或持续的时间长度，它的数值取决于所选用的测量尺度。“太阳时”不同于“恒星时”，也与“原子时”不同。一个地方的太阳时，和与其东西相差几千米地方的太阳时也不同。工厂早上 7 点、中午 1 点和下午 4 点分别通过鸣笛的方式告诉工人们上班或者下班的时间，这成为工厂保持常年运转的基本程序。而每个工厂所在地的时差并不重要。但是，随着国家之间旅行和通信的增多，人们开始需要一个通用的时间标准。标准时间就是近几十年技术发展的产物。

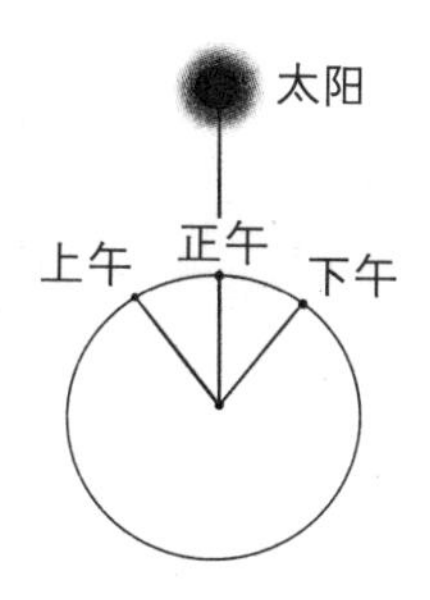

时区和夏令时

在 19 世纪后期的美国，一位旅行者在火车站，根据墙上的挂钟调整手表。每座火车站的挂钟表示当地铁路的时间，不同的州可能有几个官方时间。每个时间对应一个主要城市。在铁路的交叉处，旅行者需要调整手表以便与他所进入的下一段铁路时间同步。火车运行对时间同步有要求，不同铁路局之间保持时间一致非常重要，这也促使了时区和标准时间的出现。

早期倡导时间统一的人是康涅狄格一所学校的老师查尔斯·费迪南德·多德，他提出建立标准时间系统。由于美国国土横跨了 60 度的经度，多德提出将国家分成 4 个时区，每 15 度为一个时区，这也是太阳运动一小时的距离。在多德和其他人的共同努力下，美国政府在 1883 年颁布了一项时区划分政策，这项政策划分了 5 个时区，其中 4 个在美国本土，另外一个包括了加拿大几个省所在的海域。

这项政策从 1883 年 11 月 18 日开始实施，在当时受到了很多指责。一些媒体指责这个计划本质上是“取代了太阳的工作”（而事实上，全世界都会受到时间统一的“恩惠”）。农民们担心标准时间“打扰”了先前使用的自然时间，带来可怕的后果，比如牛奶和鸡蛋减产、气候预测错乱等。此外，当地政府对把“他们自己的时间”交由外界部门管理也感到不满。因此，标准时间和时区计划在最开始不是非常受欢迎。

20 世纪 20 年代，美国深陷第一次世界大战泥潭。1918 年 3 月 19 日，美国国会通过《标准时间法案》。该法案授权州际贸易委员会在美国境内建立标准时区，同时实行夏令时，以节省燃油和促进战时国家经济。

除去阿拉斯加和夏威夷，美国被分为四个时区，时区间的边界在南北方向上有一些曲折。直到今天，时区系统仍未被一些地方完全接受。特别是一些在时区边界附近生活的人，他们要求改变边界，因为他们生活的城市和村庄被人为地分为两个时区，影响了他们的生活与工作。

人们对夏令时的看法褒贬参半。尤其是从事农业、运输业、电台和电视台、娱乐业的人对此反响强烈。夏令时制度近年来经历了多次修改，一些城市或州使用夏令时，而另一些州没有使用夏令时，这引起了一些混乱。此外，每年人为引入夏令时导致的时间变更也带来了很多麻烦。为解决上述问题，美国国会在 1966 年颁布的《统一时间法案》中指出：从 4 月第一个星期日的下午两点到10月第一个星期日的下午两点，全国统一使用夏令时。但这项法律也允许例外，某些州或地区可以选择不采用夏令时，而是全年使用标准时间。如夏威夷在1967年、亚利桑那州在1968年都是全年实行标准时间，但亚利桑那州由联邦管辖下的国家原住民保留地却施行了夏令时。

1972年，《统一时间法案》的修正案规定，被时区分开的州可以选择一部分地区保持标准时间，另一部分地区使用夏令时。根据这个修正案，印第安纳州规定只在其西部地区使用夏令时。在1974年燃油和能源短缺时期，甚至有人建议全国施行全年夏令时来节省能源消耗。但是，当北部的孩子们需要在冬天持续数月的漆黑早晨上课时，这几个月的能源节约似乎就没那么重要了，全年夏令时也因此被废除。长远来看，重要的是尽早统一全国的时间。

如今，整个世界分为24个时区，每个时区横跨15个经度。零时区的中间是由北向南通过英国格林尼治天文台的子午线，格林尼治东部时区的时间比格林尼治时间晚，向西的时区时间比格林尼治时间早。相邻时区间相差一个小时。

当旅行者跨过国际日期变更线时（这条线穿过太平洋中部的南北弧线，与格林尼治相隔180经度），从东向西就自然“获得”一天，而从西向东便“损失”一天。

夏令时和国际日期变更线的使用曾引起过很多麻烦。银行家担心损失利息；法律诉讼争论于保险的失效时间；在国际日期变更线附近，公民的出生和死亡的时间问题，会影响到他们的上学的时间和去世时的赔偿事项等。这些问题现在依旧存在。

标准时间

19世纪晚期，由于缺少标准时间系统而引起的铁路运输的混乱，使人们意识到了时间统一的必要性：统一的时间可以促进更好的理解和沟通。如果有统一的时间和长度标准，那么人们都会知道“1分钟”和“1千米”意味着什么。

在时间统一方面，人们已经建立了不同精度的标准。随着钟表的改进，由不同钟表产生的分和秒的区别开始显现出来，人们开始更注重定义一个基本的时间单位。1820年，法国人将“秒”定义为平太阳日的1/86400，从而建立了

一个时间间隔的标准。

本书第 1 章中简要介绍了时间间隔、时间同步和日期的概念。某种意义上来说，这三个概念代表不同范畴的时间标准。时间间隔是一种局部的概念，如果你要煮 3 分钟鸡蛋，你不需要关心遥远的纽约时间，你只需要知道你所在地区的 3 分钟是多久就够了。

比起时间间隔，时间同步的概念更广泛一些。时间同步就是调整时间使某个事件对不同的对象同步开始、进行或停止。举个例子，如果游客被告知下午 6 点在游览车旁见面，他们只需把他们的手表调整到和司机的手表同步，以避免误车。至于司机的手表是否准确并不重要。

日期的概念是最具有全局性或世界性的。它由前文讨论的一些规定来确定，并且不得随意修改。如果上例中游客私自修改日期定义，那么他只会错过游览。

这些年来，确立时间标准的一个趋势是，如果某种周期现象可以复现，它就可以被用来作定义时间的基本单位，如秒的定义是基于准确计数铯原子振荡的次数。这意味着如果能用一台装置计数铯原子振荡的周期，便可以确定时间，而不需要到位于法国的BIPM获得时间。

但需要注意的是，由基本时间单位确定日期时，首先需要确定一个起点，如人们将某一年确立为公元元年，这是一种约定，而不由仪器决定。

在本书第 22 章，我们将会重新讨论这个话题。

此一秒，彼一秒

在计时技术发展的历史上，地球自转一直被看作一种时钟，即使是今天，除高精度计时的需求之外，传统天文时间也已经够用。然而随着原子钟技术的发展，原子秒替代天文秒定义“秒”的概念。但我们怎么能确定每台原子钟输出的“秒”是一致的呢？

有一个方法是制作很多原子钟，然后逐个比较它们产生的一秒是否等长。如果是，那么就可以认为我们制作出在同一时刻产生一致时间间隔的时钟。BIPM和其他时间标准实验室就是使用这个方法来确定标准时间的。

但是，怎么确定原子秒的秒长本身不会变长或者缩短呢？事实上，如果简单地对不同原子钟进行比对，是无从得知这个答案的，我们必须为原子秒找一个参考，来判断原子秒长的变化。但即使测量出秒长的变化，到底是原子秒的长度发生了改变，还是我们用作参考的那个“秒”本身发生了变化呢？我们依然难以确定，似乎没有办法走出这个迷宫，因此我们必须寻找其他的方法。

抛去试图证明各种钟表是否会产生一致时间的想法，科学家转而使用统一的仪器作为时间标准，比如单摆或者原子钟，然后由它们确定时间。换句话说，就是用相同的方法来对时间进行统一处理。这类处理产生了时间标准，而其他计时方式会产生不同的时间尺度。

但是，如果被确定为标准的时间真的比其他时间快或者慢，该怎么办？答案是这不会产生什么影响。因为所有以标准时间为参考制作出的钟表，都会和标准时间一起加速或者减速，“在生活中，只需要能保证在同一时间吃到午饭”，这才是时间定义的本质。

谁关心时间？

每天有成千上万的人向洗衣机、烘干机和儿童游乐设施等计时收费的设施内投钱，烘焙蛋糕和面包、烧制精美的瓷器、洗碗机工作都需要计时。移动通信的付费系统，按通话分钟数收费。

但是谁会关心时间的测量呢？用什么来确定商店卖的货物上的生产日期和保质期限？又是什么规定了生产设备上贴的时间标签是 9 分 10 秒，而不是 10 分钟？有没有这样的规定？

这些规定是确实存在的。在美国，NIST 负责制定和维持时间间隔（频率）的标准。它有统一的时间测量手段和方法，能规范各种相关的测量行为。NIST 还负责保持、运行和维持基于铯原子的频率基准，并且采用上一章中提到的时间传输方法将时间基准广播给用户。

美国各州和各部门的时间间隔和日期，通常是以NIST发布的时间为参考。这些时间也是停车场计时器、车库钟表等时间装置的时间源。这些仪器通常能保证它们所显示的日期与“标准日期”相差 ±2 分钟。违反时间相关条款的惩罚措施则包括了罚款、入狱或者两者兼有。

州立时间标准实验室需要NIST的时间信息，来协助调整交警雷达测速仪和其他需要准确时间的设备。除了NIST，世界范围内超过 250 个商业、政府和教育机构也有时间标准实验室。其中 65% 的机构从事着频率和时间校准方面的工作。因此，影响我们生活的时间检测机构已经遍布全球。

美国的海军天文台USNO会收集海上、空中和空间导航所必需的天文数据，并基于大量的铯原子频率标准来保持原子时间尺度。它为一些美国海军电台提供时间尺度，同时还给国防部提供时间和频率信息。实际上，USNO和NIST有着悠久的合作历史，可以满足多样化的用户需求。

在美国强制推行夏令时的工作由美国交通部完成，而另一个机构——联邦交通委员会，也加入时间和频率协调控制工作中。它主要管理的是无线电广播和电视信号服务。《无线电广播服务》规定了广播、电视台必须遵守的频率分配和频率容差等标准，包括各种调幅电台、商业和非商业的调频电台、电视台和国际广播电台。NIST为无线电频率分配提供频率参考，而联邦交通委员会是实施机构。

建立、发展、计量和传播时间和频率标准信息，对于当今人们的生活、工作非常重要，但人们却对这些事情习以为常，很少有人思考相关的问题。时间和频率需要长期持续的监控、测试、比对和调整，以维持其准确度和稳定性。科学家不断寻求更好的方法来保持精确的时间标准，以扩大其应用范围，降低使用成本。对精度更高、更可靠、更易操作的时间标准的需求每年都在增长，科学家也会不断探索，提出新想法或者解决一些存在的问题。

13 伟大的组织者

时间存在于我们日常生活的方方面面，人们对它习以为常，甚至忽视了它在工业生产、科学研究和其他现代社会活动中扮演的重要角色。今天，几乎任何需要精确控制和组织的活动都依赖于时间和频率技术。它使得这些活动可以有序、有组织地进行。如果没有时间，世界可能一团糟。

时间在应用场景的差异主要在于对其精度的要求上。日常生活中需要的时间信息精确到分或者秒就已经足够。但是，现代电子和机械系统通常需要微秒甚至更高精度的时间信息。在本章中，你将看到精确的时间和频率技术是怎样应用到人类现代工业的两个重要领域——能源与交通中，并对它们起到控制和分配作用。另外，其他一些领域对时间和频率信息的应用也会在此展现。在下一章中，我们还会继续讨论时间和频率技术在数字通信领域中扮演的重要角色。

电力

无论由核反应、化石燃料还是水力发电系统产生的电都以 60 赫兹或 50 赫兹的频率送往世界各地，这是时间和频率技术的众多应用之一。厨房的交流电钟不仅仅由电能驱动，它运行的速率还与电力公司提供的频率保持一致。

电力公司维持输电线上的频率。因此，交流电钟表也能很好地维持准确的时间。随身听和碟片机的电机也以电源频率控制其运行速率，稳定的运转频率使听众可以听到真实的声音。另外，电动牙刷、剃须刀、吸尘器、冰箱、洗衣机和烘干机也依靠电流提供的频率来维持工作。

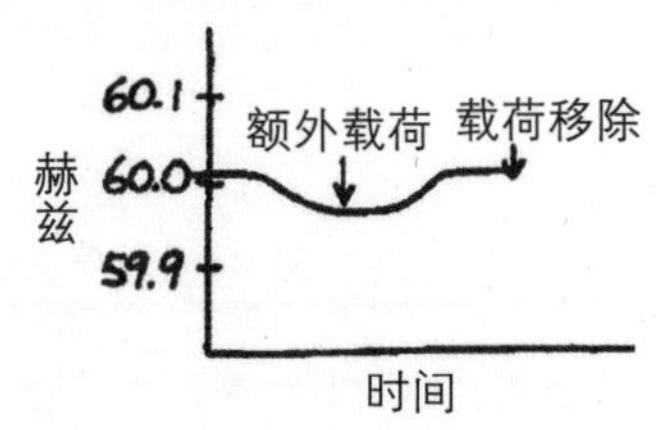

然而，电流频率的微小变化难以避免。比如在电力供应线上的某段，可能因为附近的居民同时打开电视机收看节目，导致当地的电力需求上升而额外增加负荷。某一时刻的供电频率可能会降到 59.9 赫兹，而当额外的载荷消失，输入系统的能量增加或者用户减少，电力供应又会恢复正常，频率回到 60 赫兹。

在频率变低的这段时间，交流电钟就会以错误的速率来计时，时钟显示的时间出现误差，即使频率后来恢复到 60 赫兹，这个误差仍旧存在。为了消除这种误差，电力公司通常会在之后一段时间内以高于 60 赫兹的频率供电，直到时间误差消除，然后再调回 60 赫兹。通过交流电钟获得的时间误差一般不会超过 2 秒。在美国，NIST 负责对这种误差进行监测和发布。

当然，频率在电力系统中扮演的角色不仅仅是给钟表提供频率标准。因为频率在系统中作为一个基本量而存在，我们还可以通过测量系统内每一点的实际工作频率，帮助诊断系统内的异常。

电力线中负载的变化会引起工作频率的变化，而这种变化反过来又可以提示我们关注发电机的能源供应及发电机的运行。为了使电力供应服务更可靠，电力公司会建立区域“池”，如果某一地区的需求超过了当地的供应水平，邻近的公司可以提供额外的电力来补充。

频率在这些关联的系统中扮演着重要的角色。第一，所有相互联系区域电力的工作频率必须相同。如果需要“池”中的任何一个闲置发电机开始运转以提供额外的电力，那么在与其他区域连接之前，必须将它的输出频率调到与其他区域一样。否则，如果它运转太慢，电流会从其他系统流入来使其加速；如果它运转太快，额外的电流会流出使其减速。在这两种情况下，电流的变化都会损坏这些机器。

为了保持与系统其他机器相同的电力频率，新加入这一系统的发电机也必须与系统中其他发电机同步或者同相。否则，电流会流入机器来调整其相位，可能会损坏机器。

用一群士兵打鼓行进的例子可以很好地解释频率和相位这两个概念。如果士兵以同样的速率前进并同时开始打鼓，我们说他们的频率相同。如果要求他们左脚同时向前迈进，那么他们的“相位”也相同。电力公司已经研发出这样的发电机，只有当它与其他发电机的频率和相位相同，才能并入与这些发电机连接的供电网。

在电力池中，频率承担着监测和控制电力的产生和分配的任务。电力公司开发出一系列复杂的程序来满足系统中不同部分的运转需求，保障系统有效运转，电力得以在不同区域间传递。但是，有时也会碰到需求激增或者受到干扰等意外情况。举个例子，一段线路损坏会使整条线路受到影响。为了避免这些意外状况影响电力供应，电力公司使用一套控制系统来调整两个相邻“池”中流入的电量，这套措施使得频率和电力传输中频率的变动达到最小。

时间和频率技术还可以进行故障定位。在发生故障的地方，通过线路的电流会发生异常，监控站记录下异常点，通过比较监控站的记录和某个测试参考点的到达时间差，结合信号传播速度可以算出故障点与测试参考点的距离差，帮助检测人员确定线路故障的位置。

发生在 2003 年的美国东海岸停电事件使人们意识到了协调与控制在保障电力输送过程中的重要作用。今天，电力公司开发出了更可靠的控制系统。改进之后系统的一个重要功能是搜集更详细的系统工作状态信息，比如功率、电压、频率、相位等，然后把它们输入电脑并进行分析，从而使得电力系统的运行情况得到有效的监控。一些业内人士建议，未来电力控制系统的时间精度应在微秒或者更高的量级。

导航

星空提供的时间信息对传统天文导航有重要的影响。而在恒星信息已经被无线电信号取代的现代，时间依然是现代电子导航系统的重要组成部分。

一幅公路地图是自驾旅行者的必要装备。同样，航空和航海也需要地图。但是，在海上航行，可供航海者参考的标识物却少得可怜。因此，人们建造了一些人工标识。早期人们主要使用雾号、浮标等作为导航工具，此外灯塔至今仍用于在夜间为空中和海上航行提供标识。但是，这些工具的使用范围很有限，特别是在阴天和雾天，距离稍远就会看不见航标。

近代，无线电信号的出现为导航开辟了新思路。无线电波可以远距离传播，同时它受恶劣天气的影响较小。长距离、高精度的无线导航系统在第二次世界大战中发挥了重大的作用，特别是在冬天有雾和暴风雨的北大西洋上，灯塔几乎无法发挥导航作用。而时间频率技术和无线电技术对现代航空、航海和陆路交通提供了很大的帮助。

无线电导航

为了解现代无线电导航系统的工作原理，我们来设想一种环境。假设一艘船所在的位置与三座不同无线电台距离相同，三座无线电台在中午 12 点同时广播无线电信号，因为无线电波的传播速度有限，船长会在 12 点过后的某时刻接收到这三个信号。如果三个无线电信号同时到达，船长便知道他的船与三座无线电台的距离相等。

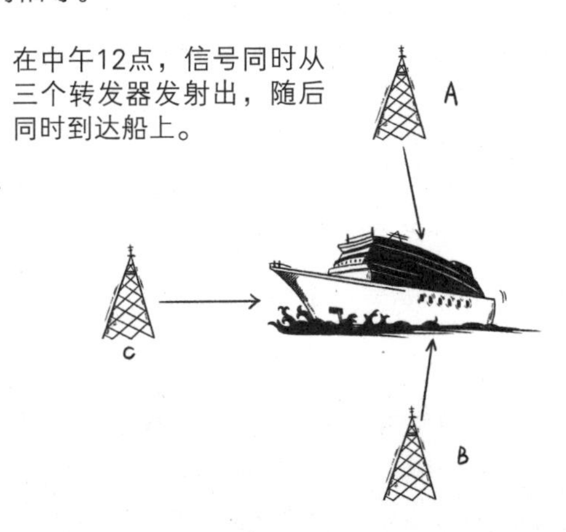

如果船长的航海图上事先标明了这三个无线电台的位置，他就可以很快地确定船只的位置。如果船与其中一座无线电台的距离更近，那么从这座无线电台发出的信号会最先到达船只，而另两个无线电信号较晚到达。信号到达船只所需的时间取决于船与无线电台的距离，通过测量信号到达的时间差，船长也可以确定自己与各无线电台的距离，进而确定船只的位置。

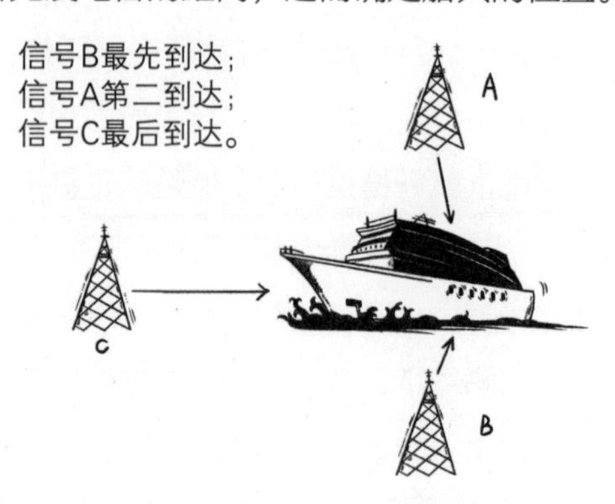

目前已经出现几种基于无线电信号的导航系统。其中一种是罗兰C，它的广播信号频率是100千赫；另一个是Omega导航系统，它的广播信号频率是10千赫。不同工作频率的导航系统各有特点。比如，罗兰C可以覆盖距离发射站1600千米以内的精密导航需求，而Omega信号的覆盖可扩展到整个地球表面，但其定位精度随距离的增加递减。

那么，时间与导航有什么关系呢？所有无线电导航系统都配备有高精度的时钟设备。如果没有这些时钟设备，各台站的广播信号就不会在正确的时刻产生，而这会使得船上导航员的定位发生错误。无线电波1微秒传播约300米，因此，如果无线电导航站钟表的误差是0.1微秒，导航员的定位就会产生数十米的误差。

钟表和无线电信号也可以通过某种方式结合，共同确定距离并实现定位。假设船长在船上放一个与出发时所在时区陆地时间同步的钟表，而那片陆地上有一个钟表发送带有时间信息的无线电信号。由于无线电信号的速度有限，所以在陆地上中午12点发出的信号会在晚于12点的某时刻到达船上。因为船上的钟表与出发陆地上的时间同步，所以船长可以通过观察信号到达时刻船上钟表的时间，准确地得到信号的延迟，如果信号延迟0.1微秒，那么船长就知道船离其出发地的距离是30米。

信号离开发射塔　　　　0.1微秒以后到达

如下图所示，分别以两个无线电信号站为圆心画相同大小的圆，可得两个圆的交点，其中一个交点为其船只所在的位置。由此，船长可以对其位置进行粗略估计。

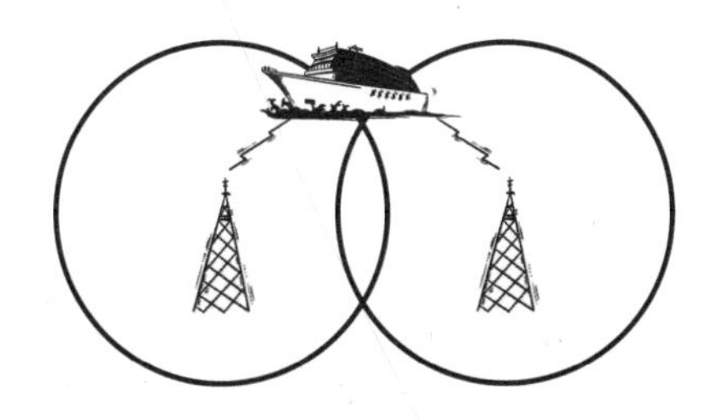

卫星导航

前面介绍了通过接收三座不同电台的无线电广播信号定位的方法。如果这些站点不建在地面上，而是建在可以覆盖更大范围的卫星上，会是什么效果呢？

卫星提供了许多新的导航定位方式。与地面上的无线电导航类似，在早期，导航者通过记录一颗特定卫星经过头顶时发射的无线电信号来确定位置。

从某个角度讲，依次接收多颗卫星发出的信号，和接收一颗卫星发出的信号的难度是一样的。卫星导航的基本原理是多普勒效应。多普勒效应的实例有很多，如随着火车自远处向我们驶来，我们会发现听到的汽笛音调逐渐升高，或者说声音变得尖锐；当火车驶离时，汽笛音调逐渐降低，或者说声音变得平缓。

这个现象在太空中也存在。飞向地面接收站的卫星信号频率会升高，而飞离接收站的卫星信号频率会降低。此外，处于不同位置的观测者记录到的信号频率变化会有差异。如果卫星的位置可以准确地确定，理论上我们就可以计算出地球上每一个位置的多普勒信号。那么负责定位的导航员就可以通过记录卫星飞过自己头顶时的信号频率因多普勒效应引起的变化，根据对应的多普勒曲线确定自己的位置。

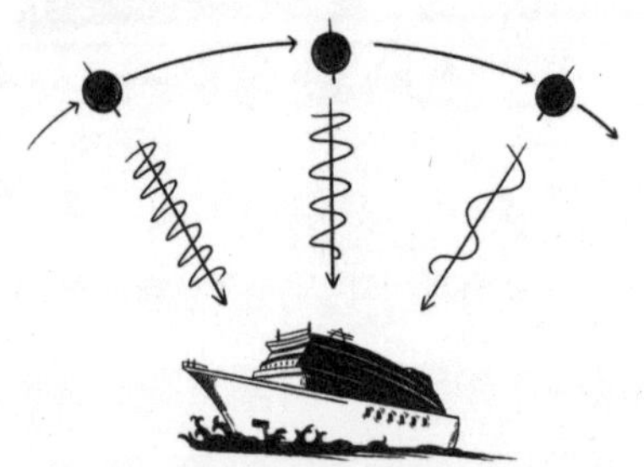

信号频率从高到低随着卫星飞过

当然，由于需要针对整个地球表面位置的多普勒信号进行大量的计算，因此这不是一个很实用的方法。实践中，导航员只需要记录卫星多普勒曲线和卫星的位置。一般来说，导航员对其位置都会有大体的认识，然后将地面接收站的粗略位置和卫星的位置信息输入电脑中，由电脑计算得出多普勒曲线。如果导航员对自己所在的位置估计正确，计算出的曲线就会与预计相符。

通过计算，将得出的曲线与估计曲线相比较。如果相同，就说明导航员对位置的估计是正确的；如果不同，电脑会对接收站的位置算出一个新的估计值。重复这一过程，直到计算与估计结果匹配度最佳为止，拟合曲线即可作为导航员的位置。

现在，科学家致力于开发出更简单、更廉价的方法来追踪航行中的船只、飞行中的飞机、高速路上汽车的轨迹，而这些都离不开时间和频率技术的支持。

全球定位系统

20 世纪 60 年代，美国海军开发了一套子午仪卫星导航系统。虽然这标志着定位技术的一个很大突破，但这套系统仍存在一些不足，如处理信号的电子设备较复杂和昂贵。此外，使用这套系统定位需要记录至少两颗卫星的多普勒曲线，这需要约一个半小时甚至更长的时间。

在完善的卫星导航系统构建完成之前，科学家就已经设想，最好可以在天空中建立一个类似罗兰C的系统。

这个设想的优势是可以帮助人们即时获得位置信息，这对高速飞行的飞机等运动目标来说尤其重要。基于上述设想，美国空军计划开发一套叫“全球定位系统”的卫星导航系统，也就是我们现在熟悉的“GPS”。

但设想中的GPS仍然存在许多需要解决的问题。第一，定位系统需要用户和卫星信号时间同步，或者时差已知。第二，为了能满足飞机和空间设备的使用要求，这套系统需要能在三维空间定位，而不仅仅在地球表面定位。

解决这些问题的方法是：通过观测至少四颗卫星完成定位，然后使用算法分析信号。其工作原理如下：

第一步，测量用户与四颗卫星的距离，因为无法确定接收机的时钟与卫星时钟的时差，因此测量结果可能会有误差，这个阶段所测得的距离叫伪距。

之前提到的无线电导航系统将观测者置于一个大圆圈内，圆心是发射台的位置。与此类似，在太空中，观测者被置于一个以卫星为中心的球体表面，由于测量误差，这个球体表面有一定厚度，如图所示，伪距测量的就是这个球体的半径。

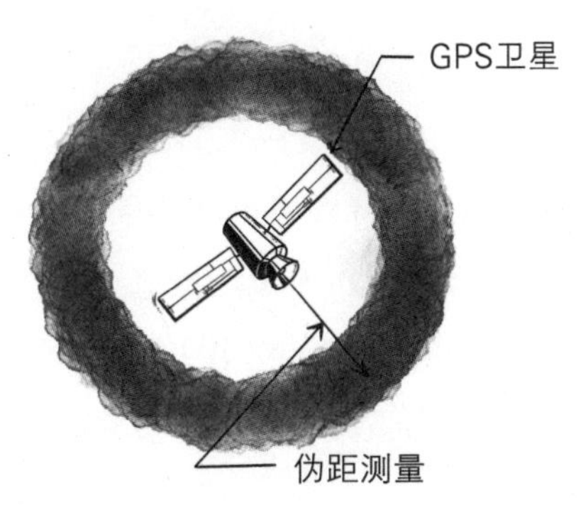

同样，另外三颗卫星的伪距测量结果将观测者的位置确定到另外三个球体相交的未知区域中，如果伪距测量值是精确的真距，那么观测者的位置就可以被确定在这几个球体的交点上。

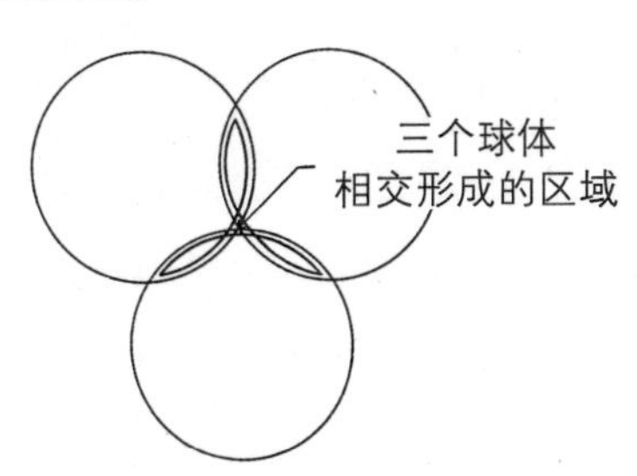

然而，尽管此时观测者还不知道其确切位置，他也已经知道了自己所处的大致范围，即球体相交所确定的空间。而这块模糊的空间的大小则取决于观测者观测到卫星的数量和卫星钟与接收机时间的同步程度。

第二步，分析数据，估计出观测者的大致位置。根据四个伪距，计算出以其为半径的球体相交的区域，据此确定观测者的大致位置。然后，修正观测者的位置和伪距，并重新计算观测者的重叠区域。如果重叠区域逐渐收敛，则说明修正的方向正确；反之，则需要重新计算。通过多次迭代，最后交叠面积将缩小到一点上，完成对观测者的定位。

同时我们也可以从另一个角度来看这个修正过程。计算机在最终找到四个球体相交的位置时，所做出的修正量与观测者时间和卫星钟之间的偏差是一样的。换句话说，定位区域的收敛过程就是持续调整钟表的误差，直到球体相交于一点。因此所测得的四个伪距不仅最终确定了用户的位置，还可以从中得到用户时间和卫星钟时间的钟差，由此我们又得到了另一种时间同步的方法。

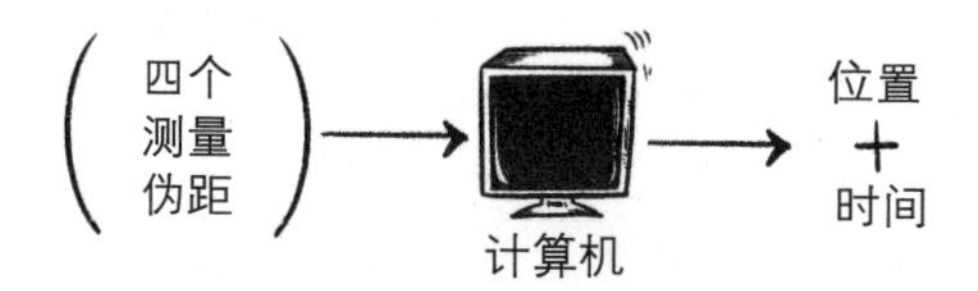

距离测量是GPS系统信号与计算机处理相结合的另一例子，它让我们可以方便地从计算机上得到所需精度的距离测量值。类似的原理可以追溯到人们对射电星系产生的无线电信号的利用，它早在几十年前已经被天文学家和地理学家用于测量星体形状和研究大陆漂移学说。本书第 17 章将会介绍大陆漂移学说。

射电星系辐射的信号类似一种噪声，就像普通无线电接收机发出的杂音一样。天文学家们发现，在两个位置接收同一射电星信号，就可以根据信号到达的时间差得出两地间的距离，这对大陆漂移学说的发展和射电星系形状的测量起到重要作用。

GPS设计者想要的也正是这样的噪声测距信号，它可以由计算机根据规则自动产生。精心设计产生的类似噪声的信号优点不仅仅限于可实现距离的精密测量，而且可以大幅降低应用成本。GPS测距信号基于随机数序列产生，随机信号间互不相同，这就允许所有GPS卫星使用同样的无线电频率发送信号，而

GPS接收机的接收信号互不干扰。

随机序列还有另一个作用。来自卫星的测距信号到达观测者之前，必须先穿过大气中的电离层。通过电离层时信号会产生延迟，这个延迟附加在信号的路径延迟上，且不同地区电离层延迟差异明显，这会导致距离测量的准确度降低。为了克服电离层产生的路径延迟的影响，每颗GPS卫星能同时发出两个不同无线电频率信号，信号有相同的随机序列结构，在这两个信号通过电离层时，信号频率差异导致他们逐渐分开，当GPS接收机测量出两个信号的路径延迟差异时，可以用这个信息计算出通过电离层时测距信号的延迟时间，从而校正电离层延迟。

为了使用户可以随时随地确定其位置，GPS系统在大约20000千米高度的轨道上运行了21颗工作卫星和3颗备用卫星。

导航系统的进步促进了授时技术的发展。一方面，时间可以直接通过GPS测量得到。另一方面，有一种更有效的基于GPS的时间比对方法，叫作“共视”，即通过卫星信号进行共视时间比对。

假设两个不同位置的观测者希望比较他们各自所在地的时间，他们可以选择一颗两人能同时看到的卫星作为参照，即这两人是“共视”同一颗卫星的。接着，两位观测者使用接收机测量信号从卫星到达接收机的时间，得知各自的时间和卫星时间的差后，就可以利用这个信息，得到两地时间的差。

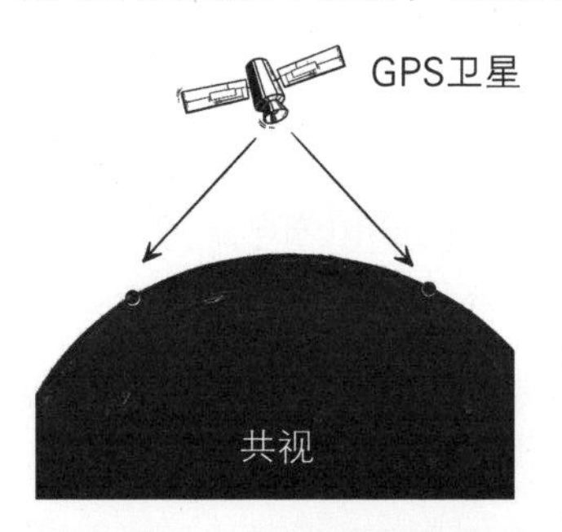

这个过程需要说明几点。第一，共视测量完全独立于卫星上钟表的时间。第二，当两地的观测者计算延迟时，通常使用卫星广播的卫星位置，虽然GPS卫星位置很重要，但广播的卫星位置会存在误差，不过这个广播卫星位置的误差比较小，几乎不会影响测得的两地钟差的结果。使用共视方法得到的时间比对精度可以达到几纳秒，这使得搬运钟比对的方法成为历史。

现在，GPS共视测量技术是不同地区授时实验室和BIPM时间比对的主要方法之一。

普通和特殊的时间频率用户

温度计、湿度计的生产者通常对他们产品的功能和用途有明确的定位。与之相比，时间和频率信息的供应者更像个诗人——无的放矢。人们无法得知无线电信号的用户数量和属性。只要发播，无线电信号随时随地都存在，无论被多少用户接收到，它们都不会改变。反之，如果只允许特定用户接收信号，那么发送者需要额外花费很多努力、付出很高代价对仪器进行改进。

然而，尽管不知道都有谁在使用时间频率信息，科学家仍希望他们所提供的时间频率产品更有用、更可靠。因此，他们偶尔会进行用户调查。

NIST开展过类似的调研，他们得到了来自各行各业的回复，如：电力系统、通信系统、科学实验室、大学、天文台、航空航天系统、制造业、无线电和电视设备生产和修理商、电子仪器生产商、手表和钟表制造商、军队，等等。也有来自私人飞机和游艇主人的回应，很多天文和电子爱好者也参与了调研活动。

在这些时间频率用户的回答中，也出现了很多时间信息的特殊用途，如"月球雷达反射和卫星跟踪""地球潮汐测量""望远镜控制和仪器仪表""电子时钟""自动电话票务系统""同步时间编码产生器""城市的户外时间信号协调与同步"等等。

数据的处理和校正、调整时间和频率标准、地震预测和数据传输等，都是时间频率的常见用途。随着越来越多的电子仪器被开发，用于医院和医学研究，"生物医学电子""医学监测和分析设备的仪器时基校准"等医学领域也会用到时间频率。

越来越多的通信系统已经成为时间频率技术的忠实用户。在图像、声学仪器制造和维修领域，如水下拍摄、内脏探测、深空探测所使用的拍摄技术和专业录音系统，对时间频率技术的需求也日益增加。海洋学是另一门快速发展的科学，它也应用时间和频率技术。

时间信息，包括日期和时间间隔，对于钟表制造商和修理商都很重要。随着廉价且精密的手表普及，它们的精确度能够达到一个月内几秒的误差。高级手表制造和维修商需要让他们的产品提供更精确的时间。比如，一位手表工匠每天打电话给科罗拉多州的NIST时间和频率信息服务部门来校准他的手表。同样的信息也可以通过短波无线电从WWV和WWVH发送，但通过电话得到时间是比较简单省时的方法，电话中的时间信号也很少被噪声污染。

一些乐器制造商也用时间频率技术为乐器调音。从石英晶体制造商、无线电系统的运营商和修理商到消费产品的设计者，也都需要标准时间频率技术的支持。

微型化集成电路的普及，使得电子仪器变得更廉价，从而使普通消费者也能使用。设计者和制造者不断地研发出更人性化的产品，如电子导游、无线电控制的车库门开关等，而这些产品都基于时间频率技术。随着用户对时频技术的需求不断增长，科学家只有通过不懈努力，才能满足不同用户的需求。

14 嘀嗒声和比特数

“交谈是廉价的。”

——山姆·斯佩德（Sam Spade）

当达希尔·哈米特笔下的侦探山姆·斯佩德说到这句话的时候，哈米特脑子里还没有电子通信这个概念，但这句话仍然贴近现实。交谈从未如此廉价。发送信息的基本单位“比特”是有史以来最廉价并被广泛使用的符号之一，而时间和频率技术在其中扮演了很重要的角色。

分集法

在美国独立战争前夜，保罗·里维尔等待着通信员从波士顿的老北教堂的钟楼里发出信号。他们的计划很简单：如果英国人通过海路登陆，钟楼挂两盏灯；如果通过陆路登陆，钟楼只挂一盏灯。里维尔得知钟楼的灯数之后，就会告诉驻扎在莱克星顿的美国军队，并采取相应的作战计划。

一盏灯代表陆路登陆

两盏灯代表海路登陆

这个简单的信号传输策略也是现代通信系统的基础。把里维尔采用的方法应用到今天：闪一下是陆路，闪两下是海路，闪三下是航空。此外，还可以用闪四下表示同时出现以上三种方式。

然而，用这种方法进行通信也会出现一些意外情况。假设遇到大雾天，无法观测怎么办？这时看到的某一次闪灯代表的是海路还是航空？当然，可以采取一些补救措施，比如用敲钟一次代表陆路，两次代表海路。可问题是：敌军也能听到钟声。

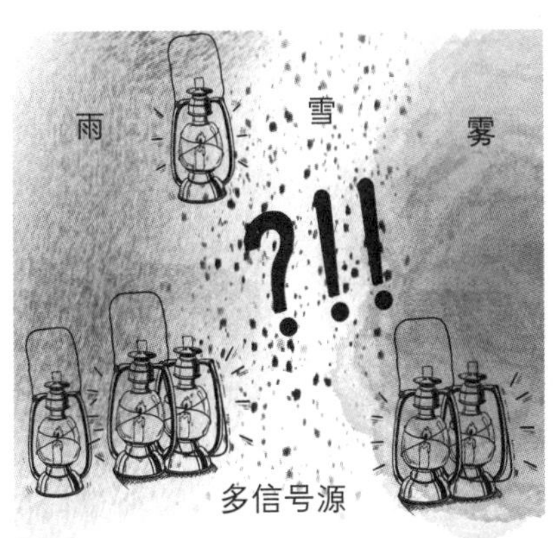

多信号源

独立战争时期的通信员与现代通信员面临同样的问题：怎么确定信号已经被接收？怎样给信息编码才不会被敌人破解？假设一些人同时进行通信，怎样才能让信号不被混淆？所有这些问题的解决方法都可以归结到时间频率技术。

里维尔的策略（“1”代表陆路，“2”代表海路），体现了现代通信系统的基本原理。信息的基本单位是比特，它用 1 和 0 分别代表“是”和“否”两种可能，可以表达任意两种对应信息，比如这或那、陆或海、是或否。当然，“是”和“否”对应意义也可以颠倒——0 代表“是”，1 代表“否”。最重要的是通信双方都清楚不同字符对应的含义。

一个比特传递两个信息中的一个

通过简单的“0 或 1”系统，可以传递更为复杂的信息并对其加密，这样就只有“被允许知道”的人才可以知道。这个系统还可以克服噪声的干扰。这些噪声可能是自然产生的，比如闪电产生的静电；也可能是人为制造的，比如敌人可能会发出一些无线电信号干扰正常通信。

从信息的基本单位——比特出发，可以生成一条复杂的信息。世界上多数国家的语言是由字母和标点符号组成的。比如，英语有 26 个字母：

A B C D E F G H I J K L M N O P Q R S T U V W X Y Z

再加入一些符号，比如句号、逗号、问号、分号、冒号和叹号。这 32 个符号组成了英文书面通信系统。为了说明怎样把这些符号转化成单位比特，我们先做个游戏。游戏中，一个人想一个事物，其他人用最多二十个问题来猜出他所想的事物。问题的答案只允许用“是”或“否”来表达。想出这件事物的人必须如实回答其他人的问题。

假设我们想的是字母“H”。游戏者已经知道答案在 32 个符号中。因为答案只可能是 32 个符号之一。一个好的策略是——分集法。

第一个人：“是不是在前 16 个字母中？”

答案：“是的。”（H是字母表中的第 8 个。）

第二个人：“是不是前 8 个？”

答案：“是的。”

第三个人：“从前两个问题看来，我知道这个符号是第 1 个到第 8 个字母中的一个。是不是在前半部分？”

答案：“否。”

第四个人：“那么答案在第 5 个到第 8 个中间，是不是后半部分？”

答案：“是的。”

第五个人：“从已知的回答看来，可能是‘G’或者‘H’，是‘H’吗？”

答案：“是的。”

因此，通过答案“是、是、否、是、是”，我们最终选择了“H”。事实上，这 32 个符号都可以通过类似的 5 个问题的答案来最终确定。前文曾提到由“1”和“0”分别代表“是”和“否”，那么，以上答案组成的“1 1 0 1 1”序列就代表“H”。

字母构成单词，一个“0 或 1”组成的长字符串可以表示出任何信息。当然，信息可能通常由上百万个甚至更长的比特组成，这听起来像是解密者的噩梦。我们该怎么处理这些比特，才能保证它们合理排序，并且正确表达事物呢？你可能已经猜到，时间频率技术就是做到这一点的重要基础。

发送信息的古老方法：一次一比特

电磁感应现象的发现使科学家意识到信息可以通过无线电波传输。而第一个实用的电磁信息传输系统是美国画家、发明家塞缪尔·摩斯在 19 世纪早期发明的。摩斯的想法是用点和横线来表示字母表里的字母，将信息转化成有效的编码。这是摩斯从他的一个访客处得到的灵感。打字员工作时用到很多符号，其中字母“e”出现的频率最高，然后是“t”，出现频率最低的是“x”。基于这些信息，摩斯决定用一点“.”代替字母“e”，用横线“—”代表字母“t”，用“点—横线—点—点”代表字母“x”。

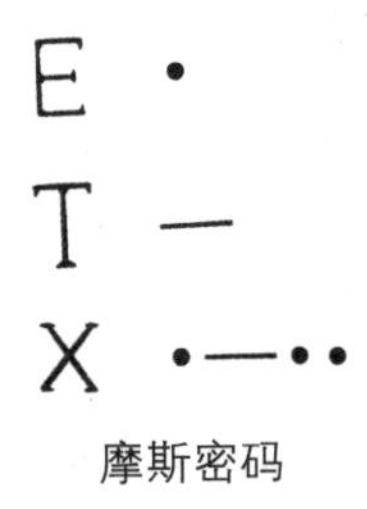

摩斯密码

点和横线通过电报按键上的按钮手动发送，一个接着一个，信息发送的速率取决于电报员的输入速度。此外电报还兼有接收信息的功能。在 1860 年，美国主要城市几乎都铺设了电报线。

自动电报

机械电报系统可以与电报打字员一样胜任发电报的工作，同时它还具有更多优点，其中一个优点就是所有信息都可以以标准速率传输，这样信息就可以由接收端的标准化接收和解码机解码。从这里我们可以看到钟表在通信中的重要性——钟表控制电报系统以固定的速率“发出”点和横线。

电报系统中的钟表给通信系统提供一种新的通信方式，而这是打字员做不到的。1914 年，一个叫作“同步分配器”的新装置出现，它被广泛用于美国的电报线路。使用同步分配器，它可以实现在同一线路上同时传输多路信息。也就是说，它可以支持把一路信道分成多路。

假设想要把一条电报线或者光纤分成 8 个频道供 8 路信号传输，从而分别服务 8 组有一个发送端和一个接收端的用户，那么我们用发送端的仪器以环路的方式扫描 8 个频道，每次只有一个通道的信息得以进入扫描装置。在扫描机针头完成一个完整的扫描周期后，输出信号就由 8 路不同的信号组成。这些信息经通信线路传输，到达接收端的扫描装置，最终被还原成为原始信号。如图所示，这种传输方式要求通信线路两端的扫描装置必须时间同步。如果不同步，那么接收端收到的信息可能会被篡改。在一些高速的通信系统中，扫描装置的同步精度必须达到微秒量级以上。上述由时间段来分割信号的通信系统叫作时分多路复用系统。

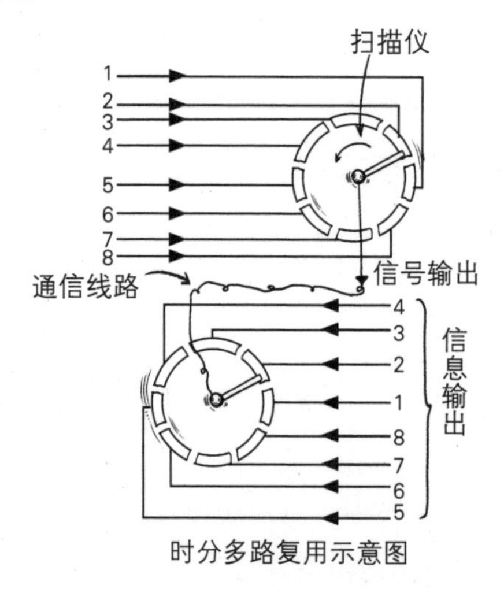

时分多路复用示意图

频分多路复用

基于频率进行信息识别的一种应用是收听广播或者收看电视，用户通过调整频率选择频道来完成信息的接收。用户需要做的事情，是“告诉”电视机想看的频道。比如说，我们按 5 频道，电视机内部会把工作频率调整到“5”频道对应的广播频率，它会从所有进入传递的频率中选择最接近的一组，然后把节目呈现出来，而其他频率上的节目就被屏蔽掉。

电视信号的传输是另一种多路复用方式，这种方式将每组信息分配给不同的频率，信道同时发送由很多频率组成的信息，这种方式叫作频分多路复用。

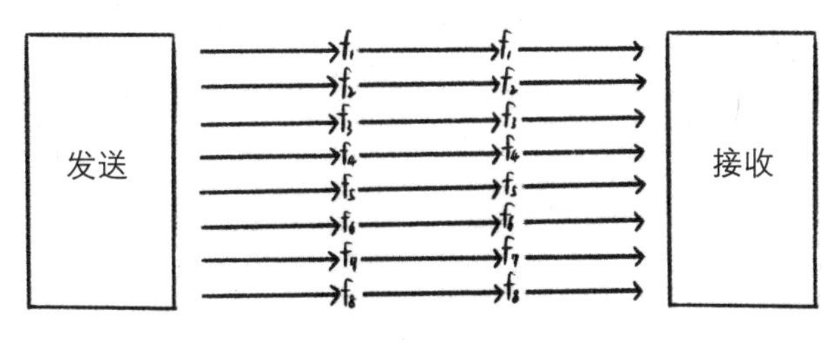

频分多路复用示意图

这里需要区别两个重要的概念：时间同步和频率同步。简单地说，时间同步指的是让钟表显示相同的时间。举个例子，为了使得两个挂钟的时间同步，我们可以将钟面的指针调到相同位置，如 10：23。

时间同步：两个钟表的指针显示相同的时间，但是它们的钟摆的速率可能不同

两个钟表的频率同步则是指它们的运行速率相同。比如要求两个摆钟达到频率同步，需要调整每个单摆的长度，以便它们以相同的速率摆动。频率同步的钟表未必时间同步。两个频率同步的摆钟，一个可能会显示 11：12，而另一个可能会显示 12：20。然而，只要保持频率同步，即使 1 小时后，它们的时间差也不会改变。

频率同步：两个钟摆以相同速率摆动，但是它们可能显示不同的时间

在通信系统中，确定系统是否需要时间同步和频率同步，或是两者兼而有之十分重要，因为频率同步比时间同步要容易实现得多。

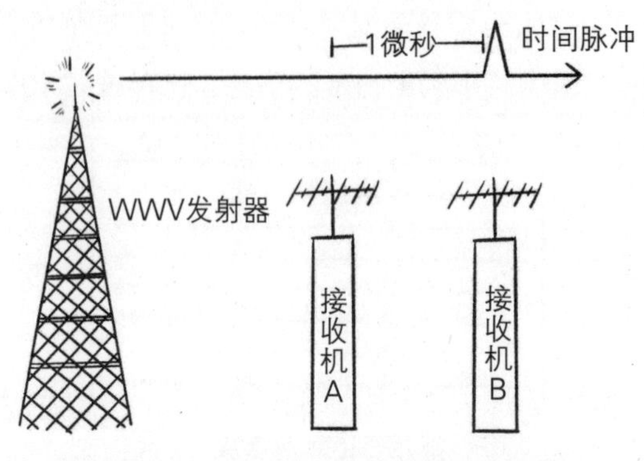

信号用了一定时间从发射器传输到接收机

本书第 11 章提到，无线电时间信号以有限速率传输。如果要以 WWV 发布的时间信号为参考，同步位于两地的两台钟表，我们需要知道这个参考信号传输所用的时间。除非两台钟表距离 WWV 的发射地相同，否则信号到达两台钟的时间就是不同的。如果 WWV 发出的脉冲信号到达第一台钟的时间比到达第二台钟早 100 微秒，那么两台钟表与参考信号同步后还会有 100 微秒的同步误差。只有通过计算或者测量得到信号传输延迟的时间差后，才可以根据时间差调整两台钟表，来确保它们同步。

确定这个时间差通常是一件很困难的事，尤其是当我们需要将钟表时间同步到微秒甚至更高量级时。

如果要求时钟同频，情况便简单多了。假设我们想要使一个摆钟的“1 秒”与 WWV 的“1 秒”调整到一致。如果摆钟的钟摆周期接近 1 秒，我们就只需细微地调整它的频率，使其与 WWV 的频率同步。值得注意的是，对于频率同步，摆钟到 WWV 的距离并不重要，因为 1 秒的长度与信号传播的距离无关。

由此得知，频分多路复用需要的仅仅是钟表同频，而时分多路复用需要钟表时间同步。

码分多路复用

系统也可以将时分多路复用和频分多路复用相结合，以便达到用户与发送者保持同步的需求。一个简单的方法是对信号按时间和频率两个维度进行分割，如下图所示，图中每一列按时间标记为t_1，t_2，…，t_8，每一行按频率标记为f_1，f_2，…，f_8。每个方框代表一条信息，由频率（f）和时间（t）唯一标识，例如，第三列第二行由（t_3，f_2）表示。图中有64个方框，就代表这个图形包含64条信息。

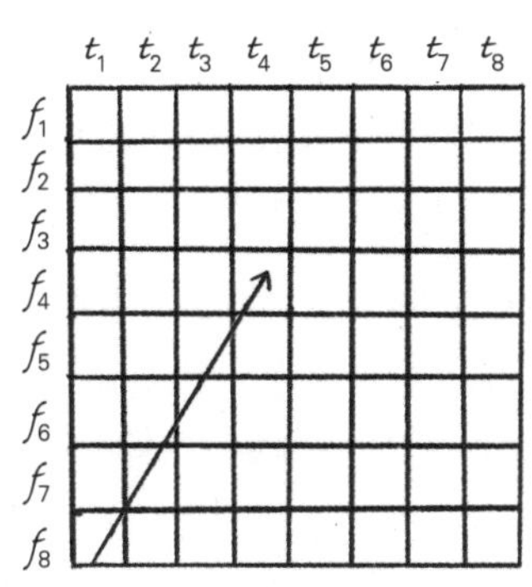

箭头所指的信息在时间t_4频率f_4时频分多路复用

通过将信息看作信号空间中的不同单元，我们可以进一步改进通信技术。这种改进是基于计算机处理技术和时间频率技术结合而实现的，这要求所有通信系统的时钟的时间和频率都相同。

在码分多路复用系统中，每条信息都对应唯一的t和f的组合，这是一种寻址的思想。通常，当我们发送信息时，我们必须知道接收方的地址。如果甲想要给乙发送信息，甲需要做的是提前确定在某天以某个频率将信息发送给乙。举个例子，如果甲给乙发送（f_6，t_2）单元格的信息，这意味着甲必须以坐标中的频率f_6在时间t_2发送信息。

两个钟表必须既共振又同步

码分多路复用的方法仅仅在双方时钟同步且同频的时候有效，否则发送者在特定的时间，以特定的频率发送的信息在接收者处会变成错误的信息。如果接收者的钟表停止运行，他甚至收不到信息。

今天，高速通信系统可以每秒传输百万比特的信息，而一条信息仅仅是微秒的长度，甚至更短。因此，没有精准的时钟支持，通信系统将无法正常工作。

不要把所有鸡蛋放在一个篮子里

以信号空间的角度看通信系统，时分多路复用信号占据行，而频分多路复用信号占据了列。码分多路复用信号则既占据行又占据列。

让我们举个例子来说明多路复用信号的原理，比如，我们要传输信息“ATTACK”。

首先，我们以频率f_2为中心，对该行的信号单元格进行时分复用。如下图，字母A、T、T、A、C和K分别填写在f_2行前6个单元格中。假设现在有其他信号也是以f_2发送，就会发生信号干扰。这些干扰信号可能是无意发出的，也可能是有意发出的。如果遇到这种情况，我们又该怎么办？

	t_1	t_2	t_3	t_4	t_5	t_6
f_1						
f_2	A	T	T	A	C	K
f_3						
f_4						
f_5						
f_6						

使用同步共振通信系统可以解决一些问题，如下图所示，我们可以把信息随机放在信息空间的不同行中。用这个方法，除非正常信号占据f_2行的单元格，否则频率为f_2的干扰信号就不会影响信息接收。为避免此类刻意的干扰信

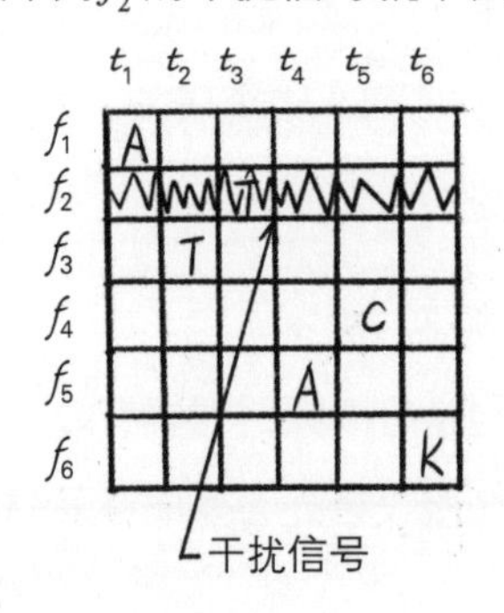

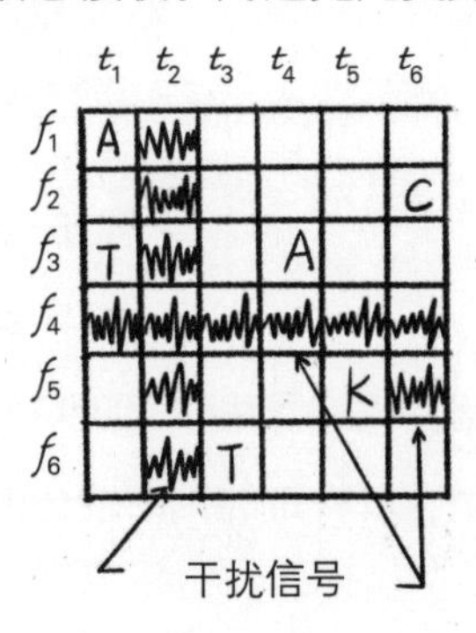

号，我们还可以采用跳频技术，从一个信息到另一个信息的频率不连续，这样干扰者就不知道需要干扰哪个频率。

这种随时间改变频率的策略一般被称为“跳频”。实际系统中，跳频由计算机自动控制，且在接收端也需要有相同的程序，以便接收端与发送端的频率变化同步。因为整个系统在程序自动控制下运转，频率跳变非常快速，没有相同程序的干扰者便无从干扰。同理，在信息跳频的情况下，也可以实现信息的时间跳变。现在，信息被分开成为依时间排列的随机序列，就像跳频一样，计算机程序自动控制着时间以非常快的速度跳变。

最终，时间和频率会同步跳信息。用这个策略，系统可以避免不同种类的噪声干扰，如单频连续噪声、多频噪声及干扰频率和时间噪声等。

发送秘密信息

频率和时间的跳变不仅可以避免噪声，它还具有信息保密的特点。正如没有调频节目表的听众会发现很难找到他们喜欢的节目，电台没有对应程序的侦测者只能接收随机的信号，只有当他在正确的时间调到正确的频率上，才可以收听到节目。而更进一步的加密技术则是将需要保密的信息进行随机化传递。比如说，发送TATCKA，再由接收方根据事先约定的解码方法解得正确信息。最保密的措施是：用其他符号代替字母A，T，T，A，C和K来加密信息。这样即使信号被干扰，也必须经过解码才能阅读。这也是现代编码学的重要研究方向。

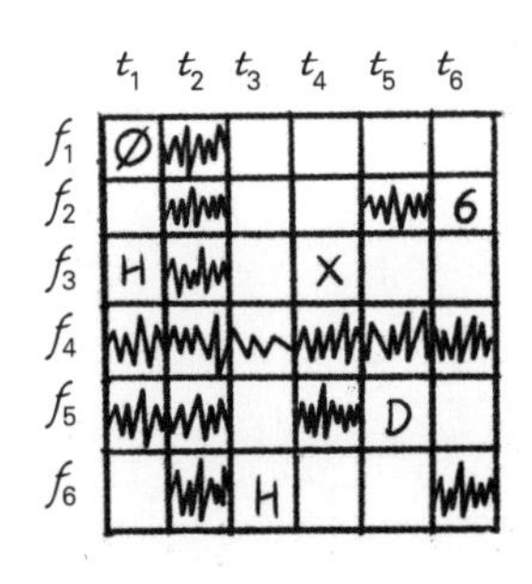

发送秘密信息：
- 随机时间和序列跳变
- 加密信息

钟表同步

没有完美的钟表，它们都会随时间逐渐地失准。因此，隔一段时间就需要对通信系统中的钟表进行校准。

校准时钟的一种方法是由系统中的一个用户发送一个脉冲，假设这个脉冲在下午 4 点离开用户，那么由于信号发送过程中的延迟，位于另一个地方的用户用自己的时钟接收到这个脉冲信号的时间应该是晚于下午 4 点的某个时刻。如果接收端记录信号到达的时间提前或者延迟于这个特定时间，我们就可以知道发送端钟表运行的相对快慢情况并对其进行校准。所有系统的钟表可以根据这个方法重新设置。

校准钟表的周期取决于系统中钟表的质量和信号传递的速率。家用电视信号大约每秒发送 15 000 个同步脉冲，而这只占用了通信系统容量的很小一部分。

如果希望优化系统用于传递时间信息的资源，并最小化用于协调时钟的时间，那么我们必须使用足够“好”的钟表。这是科学家们不懈努力提升钟表制造技术和信息通信的一大动力。

除了通过系统自身校准时间，通信系统也使用外部系统校准时间，比如从WWV或者GPS等系统中获取时间，这些方法的优点是：通信系统可以将自身的全部资源用来传递信息，而不用分配一部分资源去满足时间同步需求。

V 时间、科学和技术

15 时间和数学

新方向

在本书前面的部分，我们专注于怎么测量时间，怎样把时间广播到地球上的任意地方，以及怎样将时间应用于现代工业社会。从本章起，我们将讨论一些看似与时间不相关的科学和技术。事实上，时间和频率在这些领域也发挥着重要的作用。

17、18 世纪数学的发展，特别是微积分的发展，让我们可以用一种简洁且强大的语言来描述物体运动。而运动与时间也有内在的联系，比如人们会研究地球自转的周期，或一个物体经过某段路径落在月球表面所需的时间。人们提出了很多与宇宙年龄和进化相关的问题，其中的“年龄”和“进化”都与时间相关。

本章和下一章提到的知识都是以时间为中心，但科学界存在其他物理量，所以时间并不是其中唯一重要的。现代科学理论已经发展出了丰富的概念和多样的应用，只是当你深究某一学科时，你会发现它们大多还是与时间相关。

当今科学发展产生了很多边缘学科、交叉学科，在接下来的章节中，我们要接触的就是这样一个不断丰富的世界。事实上，科学的每一步发展都将使我们更好地理解时间的属性，开辟新的研究领域。

人们常说，数学是科学的语言。但古希腊科学家和哲学家更感兴趣的常常是有关“终极”的定性讨论，而不关心精确的定量描述。例如，他们希望知道为什么恒星会永无止境地绕着地球旋转——对此，亚里士多德认为这是由于宇宙中存在一个“第一推动力”。而到了伽利略的时代，他更关心的则是一块石头降落一定距离需要的时间，而不是石头总落向地面的原因。科学家们从对质（原因）的讨论转向量（多少、大小）的研究这一改变，推动了对精密测量的需求。这个转变促进了精密测量仪器、新的数学语言和计算方法（解释和描述这些测量的结果）的快速发展。

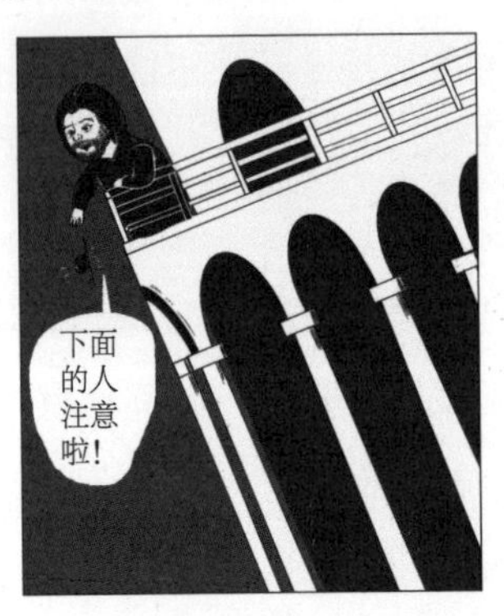

科学界最重要的测量之一就是时间测量。时间变量存在于每一个与运动有关的公式或者方程中。在微积分发明之前，没有数学语言能够准确地描述运动和变化。下面将详细讨论数学和测量是怎样相互作用，为我们建立起更能深刻阐述自然法则的理论框架。时间和时间测量则成为这些理论框架中的重要组成部分。

分析和综合

人类通常钟情于回顾历史和预测未来。回顾历史使我们认识自己，而预测未来可以提高做事的效率和获得回报。人类的许多努力都是为了预测未来，不管是算命先生用水晶球预测大选的结果，还是经济学家预测股票的走势，每种预言方式都有万千追随者。

科学就是其中一种能预言未来的技术。科学的两个基本假设是：复杂的事物可以被分解为更细小的基本事物；未来可以通过对过去严谨的逻辑推导而预

测出来。因此，科学家的任务是透过现象看本质，并且应用这些本质。“看本质”的过程通常被称作“分析”；而应用“本质”的过程被称作“综合”。数学就是科学家在这两个过程中用到的最重要的工具之一，它帮助科学家发现本质并预测未来。

分离过去和未来——微积分

在自然界中，物换星移，万物皆变。人类很难掌握和理解这些变化。变化是连续的，人们没有办法让时间停止。

这个困境明显地反映在数学的发展过程中。希腊的数学起源于恒定形状和长度的几何世界。直到 1666 年，哲学家们仍然认为数学与时间无关，但自从艾萨克·牛顿引入了“变化的数学”——微积分，情况便发生了变化。他用这个新工具，在伽利略的自由落体实验之后又进一步推导出了著名的万有引力定律。

基于伽利略的自由落体公式，牛顿对引力的研究方法叫作“微分”。就像加与减、乘与除互为逆运算一样，微分和积分互为逆运算。微分能将运动分解，从而发现它的瞬时属性；积分能把瞬时属性综合起来，从而得到总趋势。如果把微分比作一棵树，那么积分便是整片森林。

条件和约束

在进入对微积分更详细的叙述之前，让我们先讨论一下数学家和物理学家看待问题的角度差异。假设我们要分析台球的运动，我们首先需要知道以下几点：

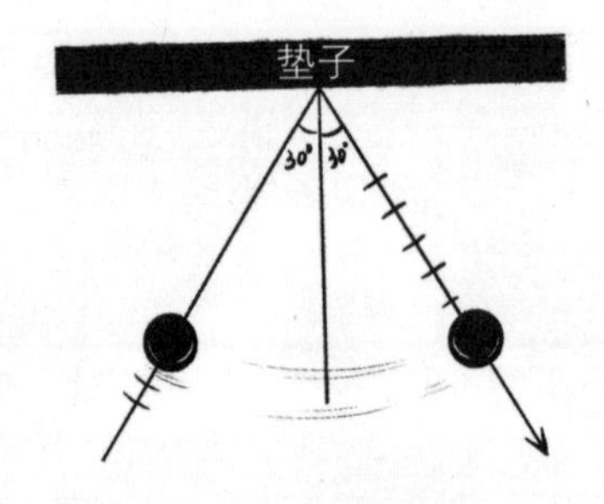

- 在任何瞬间，台球都在以一定速度朝着桌子的某一个特定方向运动。
- 台球的运动受与桌上垫子摩擦力的影响。
- 台球运动遵循牛顿运动定律。台球在桌面上沿某个特定方向运动，直到它撞到桌沿或者另一个台球，它的方向才会发生变化；一个台球在与某个桌边的垫子撞击后，它会以被撞击前同样的角度反弹回去。

由以上几点，物理学家可以预测台球的所有运动。

而数学家将台球在某一时刻的状态称为“初始条件”，桌面和桌子四边上的垫子为“边界条件”。很明显，台球未来的位置取决于桌子的形状，圆桌与长方形桌对台球位置的影响是不同的。

基于初始条件、边界条件和牛顿运动定律，我们可以预测台球未来任意时刻的位置、速度和运动方向，我们甚至可以反向测算出某时刻之前台球的运动状态。这些工作也都能利用计算机的高速运算完成。

未来与过去都和“现在”的状态息息相关，那么如何开展对未来的研究呢？在上面台球的例子中，边界条件很容易通过测量桌子形状得到，而获得初始条件却并非易事，即使能知道台球某瞬时的位置，我们却很难得知它们的瞬时速度和方向。

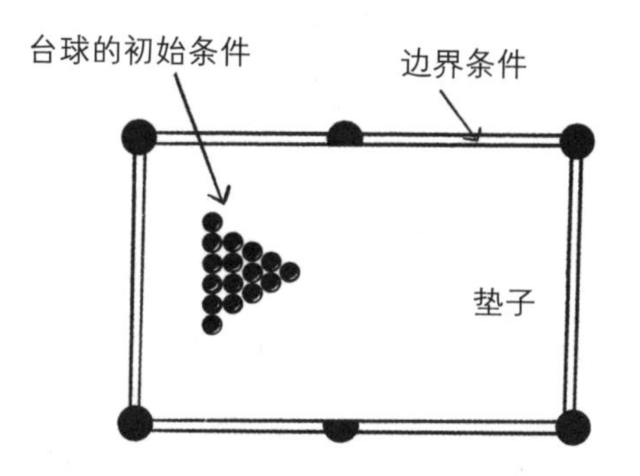

如果我们对台球的运动拍两张照片，一张稍早、一张稍晚。假设它们之间相差 0.1 秒，由此我们便可得到所有的初始条件。第一张照片得出台球的位置；经过后一张与前一张的比较，得到台球的运动方向和速度，这是通过测量 0.1 秒内位置的改变而得到的。边界条件和初始条件会随着之后的运动而改变。物理学家面对的挑战是：确定一组观测结果中哪些是初始条件和边界条件，哪些是通过牛顿运动定律得出的推论。

基于这个思路，我们再来研究伽利略的自由落体问题。据说伽利略从比萨斜塔扔下石头并测量石头下落到光滑地面的时间——虽然按照伽利略自己的说法，他只是测量了铜球从光滑木板上滚下来所花的时间，毕竟斜塔上物体的下落时间并不易测量。但无论如何，伽利略最终得出一个结论：自由降落的物体降落的距离与下降时间的平方成正比，而与物体质量无关。也就是说，对于任意质量的物体，相同时间内下落距离相同。如果石头降落时间翻倍，那么经过的距离应是原来的四倍。另外，伽利略发现石头落下的距离（d，单位“米”）约等于 4.9 倍的下降时间（t，单位“秒”）的平方，即 $d=4.9t^2$。

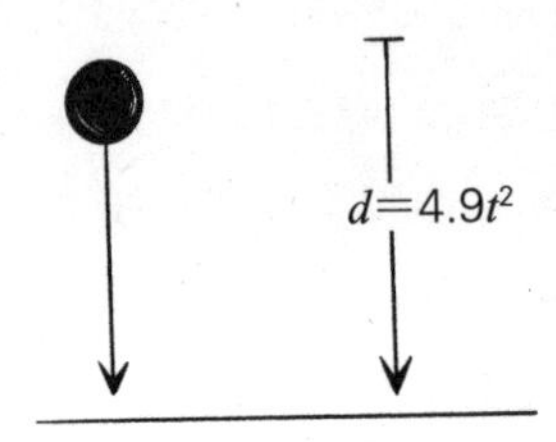

那么，这个公式是仅代表物体下落时间与距离的关系，还是它是某些规律、边界条件和初始条件的综合体现呢？

微分求知

微分原理与我们前面用拍照的方式求解某时刻台球的位置、速度和方向的方法是相似的。现在让我们来详细分析决定台球速度的因素。

为了得到台球位置等相关数据，我们在相隔 0.1 秒的两个时间拍了两张台球运动的照片，然后测量台球在这段时间内运行的距离，从而得到速度。假设台球运动不受任何阻力，那么在 0.1 秒内移动 1 厘米的台球，1 秒钟的运动距离就是 10 厘米。

如果相隔 0.05 秒照相，那么就可以推测出台球的移动距离就是 0.5 厘米，而速度仍旧是 10 厘米/秒。因为 0.05 秒移动 0.5 厘米和 0.1 秒移动的 1 厘米的速度是一样的。

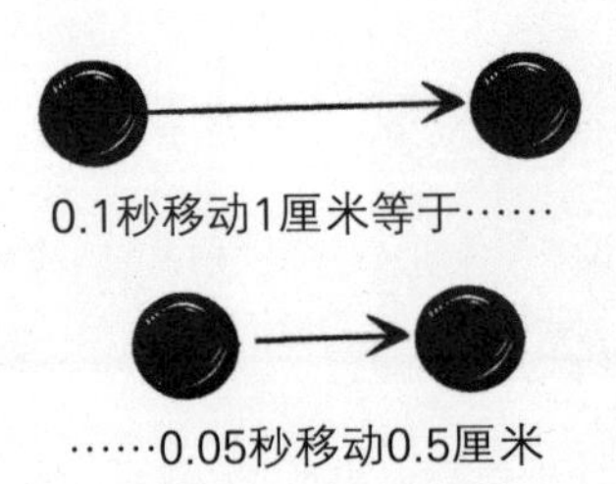

在微分计算中，为了得到瞬时变化量，数学家会不断缩小“照片拍摄”的间隔时间，直到这个间隔无限接近于 0 秒。相应地，台球运动的距离也会等比例减少。缩短小球运动的观测时间，不会改变它的速度。即距离和时间的比值（速度）恒等于 10 厘米/秒。微分的精髓在于它用时间分割距离，足够小的时间间隔能使分割的两部分空间间隔近似为 0。这个过程听起来不可思议，但可以想象，这样做的最终结果就是把距离分割到不可再分的程度。但实际情况并非如此，分割最终会在某个时刻或者某个空间停止。

这个分割到 0 的过程，在数学上叫作“取极限”。通过取极限，我们可以得到所要的结果：运动物体某一点的状态不受它已运动距离的影响。积分则是微分的逆过程，多个瞬时运动累积成台球移动的总距离。

在上边的例子中，我们假定台球运动的速度恒定，通过取极限得到的结果与拍照计算相同：10 厘米/秒。但事实上，台球不是以恒定速度运动，它的速度会因受与桌面的摩擦力而逐渐减慢。如果想要精确测量它的瞬时速度，通常会将时间分割得尽可能短，这就是取极限的思想。

回到自由落体公式：$d=4.9t^2$。我们希望从公式得到描述自由落体的运动的常量，这个量与时间无关。自由落体公式描述的是自由下落物体运动距离随时间改变的方式。将微分时间代入公式会得到微分距离，这个距离依然与时间有关。

于是我们可能会想，虽然距离随时间改变，但速度是不是可以保持不变？因此，人们会想象，自由落体的石头可能会以恒定的速度落到地面上。

微分对此给出了答案。让我们将关注焦点从距离转移到速度，将公式 $d=4.9t^2$ 微分，我们得到了一个关于速度随时间变化的新公式：

由这个公式可知，自由落体运动中的速度不是一个常量，它随着时间增加而增加。石头自由落体的过程中，其速度以 9.8 米/秒增加。

那么，让我们来进一步思考，速度的改变速率，即加速度（a）是不是一个常量？为了追寻答案，我们再对速度进行微分：

终于，我们找到了一个不随时间变化的物理量，在自由落体运动中，石头的加速度是恒定的。速度以恒定的 9.8 米/秒增加，9.8 是个常量，它不取决于物体下落的高度或投掷的方式，所以我们得到了一个关于自然界本质的认识。

链接

微分的本质是什么？

这里有一个特殊的例子来解释微分的工作方式。假设石头经过 5 秒落到地面，想要得到它到达地面时的速度，可由自由落体公式：$y=4.9t^2$ 计算，式中 y 是下落的距离，t 是下落的时间。根据公式，可知石头 4 秒内下降了 78.4 米；5 秒内下降了 122.5 米；石头在撞击地面前的最后一秒内下降了约 44 米；石头下降早期的速度小于后期的速度。基于自由落体公式，分别可以得到最后 $\frac{1}{2}$ 秒、最后 $\frac{1}{4}$ 秒和最后 $\frac{1}{16000}$ 秒的平均速度。结果如下表所示：

时间间隔（秒）	1	$\frac{1}{2}$	$\frac{1}{4}$	$\frac{1}{16}$	$\frac{1}{32}$	$\frac{1}{64}$	$\frac{1}{160}$	$\frac{1}{1600}$	$\frac{1}{16000}$
下落距离（米）	44	23	12.00	3.03	1.52	0.76	0.30	0.03	0.003
平均速度（米/秒）	44	46	47.50	48.50	48.60	48.69	48.73	48.76	48.767

上表最后一列显示，石块在落地前 $\frac{1}{16000}$ 秒的最终速度约为 49 米/秒，虽然我们无法对此进行实际的测量，但我们可以用微分证明它。

将微分引入自由落体公式，可以将这个公式转化为可以反映石块在任何时刻下落速度的表达式。由于我们希望最终得到一个概括性的公式，因此在这里用符号代替具体数字来表示公式。

首先，用 t 表示下落时间，Δt 表示下落过程中的任意一段时间间隔，可以描述为石头下落了一段时间 t，或者石头下落中的一段时间是 Δt。同样，用 Δy 表示石头下落一段时间 Δt 内经过的距离。

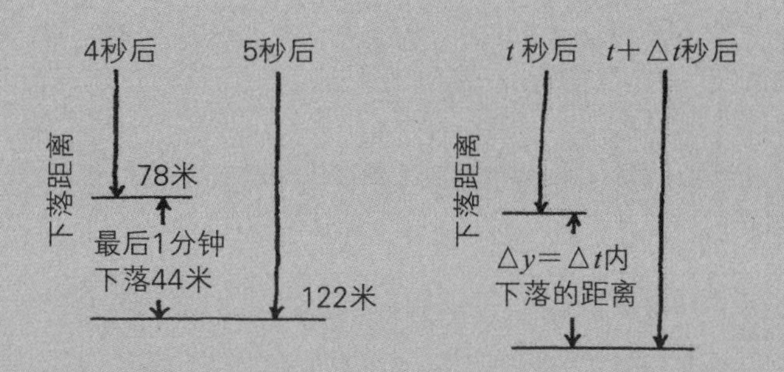

基于自由落体公式，可以推导Δy的公式，即在Δt内石头下落的距离。

先有公式：

$y=4.9t^2$　　　　　　　　　　　　　　　　　　　　　（1）

然后有：

$y+\Delta y=4.9(t+\Delta t)^2=4.9t^2+9.8t\Delta t+4.9(\Delta t)^2$。　　　　（2）

第二个公式与第一个公式相减得：

$\Delta y=9.8t\Delta t+4.9(\Delta t)^2$。　　　　　　　　　　　　　（3）

因为Δy是在Δt时间内下落的距离，那么经过这段距离的平均速度是$\frac{\Delta y}{\Delta t}$，

$$\frac{\Delta y}{\Delta t}=\frac{9.8t\Delta t+4.9(\Delta t)^2}{\Delta t}=9.8t+4.9\Delta t。$$

最后，为了计算出某一点的瞬时速度，而不是经过距离Δy的平均速度，需要使Δt趋于0。用数学语言描述为对Δt取极限，使得Δt趋于0。因此石块在这一点的瞬时速度是：

$$\lim_{\Delta t\to 0}(9.8t+4.9\Delta t)=9.8t,$$

即$v=9.8t$。

那么如何使用这个公式？把“第5秒”（$t=5$）代入公式，可以得到：$v=9.8\times5$米/秒$=49$米/秒，结果与从表格中得到的最终速度数值一样。

在这个计算中，下落距离y相对于时间t的瞬时变化率叫作y在t处的导数，记作$\frac{dy}{dt}$，它是上式取极限过程$\lim\limits_{\Delta t\to 0}$的缩写。

用数学方程表示相对于时间t的下落距离$y=(4.9t^2)$的导数：

$$\frac{\mathrm{d}(y)}{\mathrm{d}t}=\frac{\mathrm{d}\ (4.9t^2)}{\mathrm{d}t}=9.8t=v。$$

或者表示为：

微分运算的逆运算为积分运算，它使速度公式变回距离公式：

从$v=9.8t$到$y=4.9t^2$的转换过程与之前的推导速度公式的过程又有所不同，这里不再展开介绍。

前面已经知道，对速度进行积分可以得到距离。不同之处在于这里所用的速度公式，是通过推导经过一定时间间隔物体下落的距离来得到速度，而不是用自由落体公式来计算在很小的时间间隔内物体的平均速度。将所有的微小时间间隔内物体下落的距离加起来，便得到物体降落的总距离，若令时间间隔趋于0，就可以得到一个确切的距离公式。为了完成积分运算，必须知道初始条件和边界条件。比如，计算石头下落10秒后的速度。根据公式$y=4.9t^2$，如果物体是在没有阻力的情况下自由落体，其下落的时间t便是当前时间与初始时间之差。如果物体在下落时受到阻力，需要将阻力因素加入公式；如果物体在开始计算距离的时间之前已经下落，需要将之前的这段下落时间加入公式。这样，才可以得到正确的结果。

万有引力定律

从自由落体公式进一步探索，牛顿发现引力能够产生持续的加速度，这个加速度与时间无关。基于自由落体公式、微积分知识和伽利略等人的实验测量，牛顿得到了著名的万有引力定律。这个定律不仅可以用于自由落体，还可以用于太阳系和恒星运动的计算。通过对整个星系的瞬时运动进行积分，牛顿证明了行星以椭圆轨道绕太阳运动。通过微分，牛顿解释了自由落体的原因；通过积分，牛顿将探索的目光延伸到了太阳系中的行星。

牛顿把微积分命名为“流数术”。出于某些原因，他并未立即公开他的微积分发明。直到10年后，一位德国数学家戈特弗里德·威廉·冯·莱布尼茨同样独立发明了微积分，而且使用的运算符号比牛顿的更简单，因此这个新的数学方法在欧洲大陆更快地发展了起来。事实上，欧洲大陆和英国的数学家在这方面早已相互敌对，他们经常提出数学难题来为难对方。

例如，欧洲大陆学派中莱布尼茨的一位同事就提出了一个问题，要求在平面内找到一条使仅受重力作用的质点能以最快速度由A点到达B点的曲线。牛顿用了一晚上就想出了解决方法——这也是历史上第一个变分法问题。

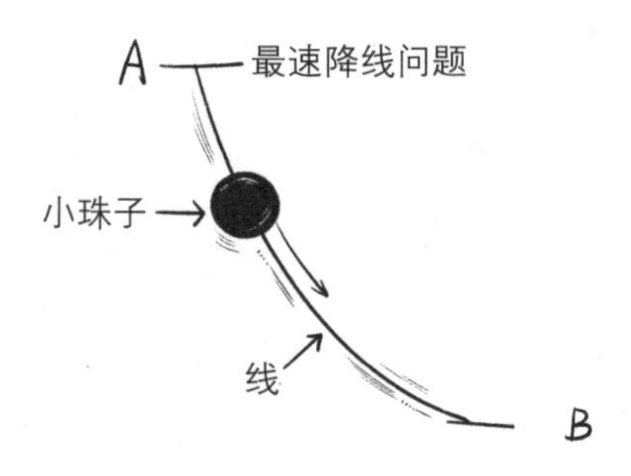

虽然牛顿运动定律和万有引力定律可以用几个简单的数学公式来概括，但在之后的150年，经过无数的应用数学家努力，比如莱昂哈德·欧拉、约瑟夫·路易斯·拉格朗日和威廉·汉密尔顿等，才梳理出这两个定律相关的理论。与牛顿的成果同样丰硕的是这些相关理论所带来的无穷的应用成果，特别在电子、电磁和光学领域。这些成果都是在牛顿逝世200年后发展出来的。

即使牛顿运动定律随后被爱因斯坦的相对论取代，而近代的量子力学“统治”了微观世界，它仍然适用于大多数科学领域。事实上，每个对自然本质的新认识，都让人们在追求精准时间的道路上更进一步。

16　时间和物理

在人类历史的早期，宗教活动对时间的关注已经在天文预测上取得了很大的进展，他们能够预测夏至日、冬至日和一年中星座在天空中的位置变化。之后，随着海上贸易的兴起以及伴随而来的导航技术的发展，越来越多与现实生活紧密相关的活动也需要时间的参与。但无论是宗教活动还是世俗生活，人们对时间的探索方式都是一致的。

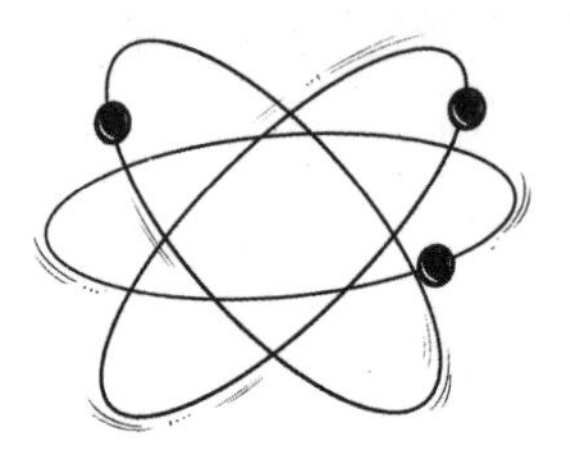

时间测量与天文学的紧密联系保持了几个世纪。后来，作为时间参照的恒星被原子所取代，从恒星到原子，人类在追寻“完美”钟表的过程中迈进了一大步。单摆、行星和恒星的运动都遵循牛顿运动定律和万有引力定律，更确切地说是爱因斯坦的广义相对论。原子世界则遵循着量子力学。然而，人类尚未能总结出一则定律，可以用来解释从微观世界到宏观世界的所有自然现象。当然，这也是科学家不断努力的最终目标。正如艺术诗人威廉·布莱克所说的，科学的工作就是“见微知著，以小见大”。

在科学的终极目标达成之前，物理学家会不断提出一系列从宏观到微观、从有限到无限、从过去到未来的难题。

科学知识和时间测量技术日新月异，高精度的时间测量使我们能更好地了解自然本质，这反过来又进一步促进了时间测量技术的发展。时间测量技术的进步使得物理学触及了更广泛的领域。因此，现代物理学产生了关于时间的很多重要成果：

- 时间是相对的，不是绝对的。
- 时间有方向。
- 时间测量遵循自然法则。
- 基于一个物理定律的时间尺度与基于另一个物理定律的时间尺度或许不同。

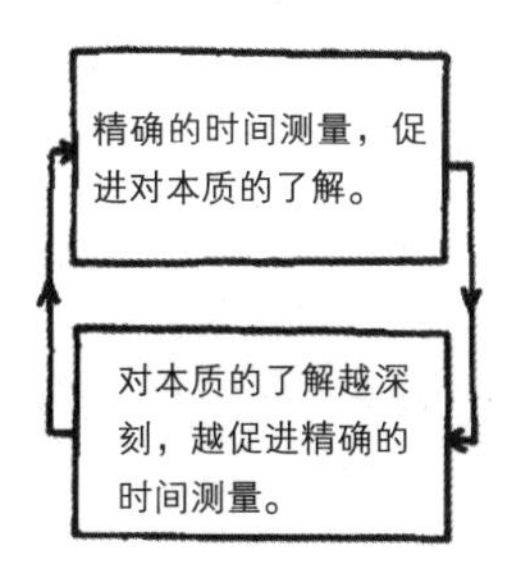

相对的时间

牛顿指出时间和空间是绝对的，即物体的运动等所有自然现象，遵循着相同的时间规律，而与观察者的位置和运动状态无关。因此，所有同步的钟表应该显示相同的时间。

然而，爱因斯坦指出牛顿的观点是错误的，绕太阳转的水星的某种运动就不能通过牛顿的观点来解释。通过假设空间和时间不是绝对的，爱因斯坦得出了一个新的运动定律，它可以解释天文学家对水星运动轨道的观测结果。

那么，爱因斯坦的“时钟不会显示相同时间”的观点，究竟是指什么？爱因斯坦指出，如果两艘宇宙飞船相向而行，在太空相遇，然后离开，人们其实无法得知哪艘飞船在移动，哪艘是静止的。只有船长可以确定他们自己所驾驶的飞船是静止或移动，但他们也不能判断另一艘飞船的运动状态。我们在火车上或者其他交通工具上也有类似的经验，那就是当另一辆火车行驶过来时，即使我们静止不动，我们也会觉得自己在运动。只有参考周围其他一些静止的事物，才可以确定我们所在的车是否在运动。

本文仅仅用相对论的观点来解释自然现象，不去证明爱因斯坦的理论正确与否。假设两艘宇宙飞船上分别装有一台特制的钟表，这种钟表由两面相对立的镜子构成，镜子间的距离是 5 厘米。钟表的周期由在两面镜子中来回反射的光脉冲决定。光在 10^{-9} 秒（1 纳秒）中传播 30 厘米，因此，光在两面镜子之间的一次往返需要 $\frac{1}{3}$ 纳秒。

在甲船上的船长看来，乙船上的光传播路径大于 10 厘米。因此，甲飞船上的船长推测乙飞船上的钟表走得比较慢。同理，乙飞船上的船长也会认为甲飞船比较慢，因为每个船长都用自己船上的钟表作参考去观察对方。根据爱因斯坦的理论，我们没有办法判断哪艘飞船实际在运动，或者静止，每个船长的结论都是正确的。因此，时间是相对的。也就是说，我们看到的时间其实是我们所认为的时间，而非实际时间。

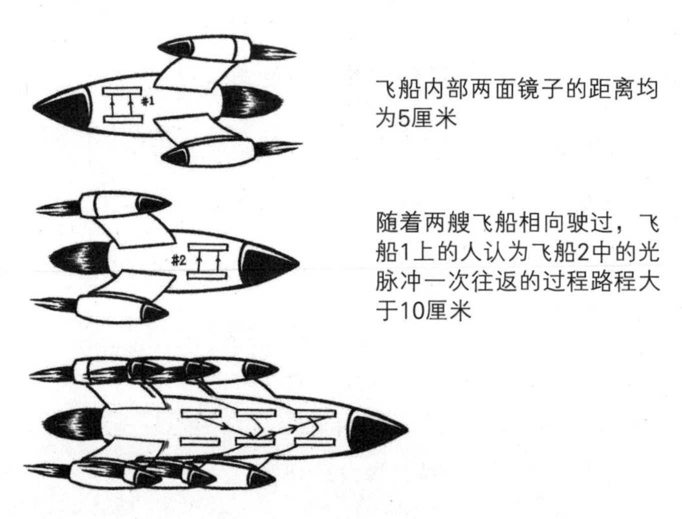

飞船内部两面镜子的距离均为5厘米

随着两艘飞船相向驶过，飞船1上的人认为飞船2中的光脉冲一次往返的过程路程大于10厘米

现在让我们更进一步，假设在一种极端的情况下，两艘以光速行驶的宇宙飞船相遇，然后分开。飞船上的船长对他们的钟表会有怎样的判断呢？用相对论的数学方法可以解决这个问题，但在这里用一种更简单的方法来解释。

当我们看向挂钟时，实际上是挂钟反射的光线在我们视网膜上的投影成像。假设挂钟现在显示的时间是正午十二点整，此时，观察者以光速离开钟表，沿着钟面反射的正午“光影像”移动。那么，由于此后钟面显示的时间也是由“光影像”呈现出来的，并且也是以光速传播，所以观察者将永远“抓”不到十二点以后时刻的影像，能看到的一直是正午时刻的钟面。换句话说，正午的时间对于观察者来说是“冻结”的，即时间停止。

关于运动和相对位置，有很多与时间相关的问题。爱因斯坦的狭义相对论关注的是两个物体相对运动的同一性。比如，两艘飞船的船长都认为各自的钟表比对方走得快。由于发现钟表的运行速率受重力影响，随后爱因斯坦引入重力因素，提出了广义相对论。根据广义相对论，在强大重力的影响下，时钟比在较弱重力场下运行得慢。

举个例子，假设太空中有一艘在太阳附近静止的飞船。这艘飞船和飞船上的钟表都在太阳重力场中。同时，有另一艘自由驶向太阳的飞船，其中的物体都处在失重情况下，悬浮在船舱中——就像在空间站的航天员一样，他们处在零重力场中。

假设某一时刻，驶向太阳的飞船的船长看到那艘静止的飞船。注意这时船长的状态是悬浮在船舱中。因为相对运动，这位船长会认为静止的飞船上的钟表比较慢。他通过这个判断进而得出一个结论：重力场下的钟表比其在零重力场下的钟表慢。

用狭义和广义相对论中对时钟现象的推测，我们可以得到一个有趣的结论。假设把钟表放在卫星上，由于重力减小，卫星离地球越远，上面的钟表走得越快。另外，卫星和地球的相对运动会引起钟表速率的改变。随着卫星的高度增加，相对运动的差异性也在变大。卫星和地球相对影响，彼此制约。在离地球表面大约 3300 千米时，双方作用相互抵消，此时，卫星上的钟表和地球表面钟表的运行速率相同。

时间的方向

如果我们把两个台球在球台上的碰撞运动拍摄下来，当回放影片时，我们发现不了它与正常播放的不同差别。在回放的影像中，台球先彼此接近，然后碰撞，最后沿着各自的新方向运动，如此往复。这个过程不会违反任何运动定律。但是，如果拍摄的是一颗鸡蛋掉到地上直到破碎的过程，回放影片时就会发现它与正常播放相差甚远。倒放的影片中破碎的鸡蛋会复原，然后回到主人的手里。

“鸡蛋”影片中，时间是有方向的，而台球影片中的时间却没有方向。两组实验表明时间的方向与事件的可逆性相关。举个例子，如果长时间拍摄台球影像，会发现台球的速度逐渐减小，最后停止。当我们回放影片时，会发现台球最初静止，然后加速度逐渐增加，这时我们就会意识到这是一段回放，因为台球不会无故从静止状态开始滚动，它受到摩擦而减速这一事件是不可逆的。

时间的方向取决于事件序列的可逆性。台球减速的原因是台球和桌子之间的摩擦力使得台球的有序动能转化成桌子的热能。更准确地说，是台球有序的动能转化成无序动能。衡量这种无序动能的量叫作“熵”。熵包含了时间朝一个方向运动的信息。

高有序性系统的熵比较低，反之则熵较高。进一步考察台球的运动，假设开始时台球聚集在三角形方框中，在这个情况下，直到用球杆撞击它们之前，台球是高有序性的。即使在撞击后，台球也存在一定有序性，但是，经过几轮撞击之后，台球的有序性变弱，转化成一种随机组合，即台球的熵从低变高。

现在，假设我们已经拍摄了台球由聚集成一个三角形到被撞开的过程，然

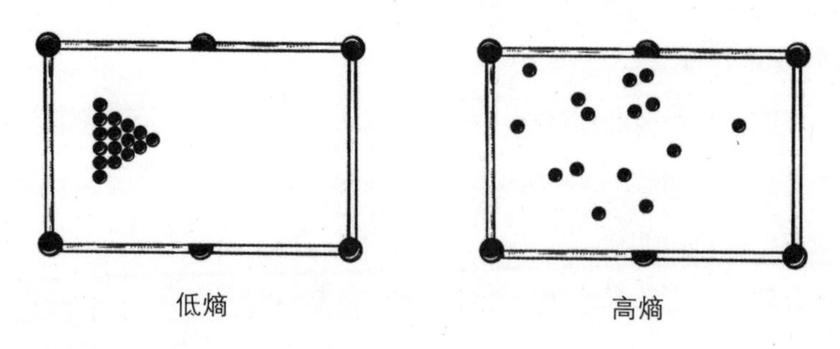

后回放影片。影片一开始，台球的动能是完全随机的，这期间无法区分回放与正常放映的差异。物理学称之为“系统熵的最大化”，此时我们得不到任何时间方向的信息。

继续观看回放，会发现台球的有序性逐渐变高，最终聚集成三角形。时间越接近于“聚集成三角形”的时刻，观众越容易区分回放与正常放映的差异。这时，我们可以确定时间轴的方向。

通过比较台球的运动，我们可以得出一些结论。当只有两个台球互相碰撞时，我们无法确定时间的方向，但是，通过观察很多台球的运动过程，我们可以很方便地确定时间方向。两颗台球碰撞然后分开的过程，正常播放与回放无差异；而多个台球打乱以后却不可能再自动恢复成三角形，因此正常播放与回放有很大区别。

时间测量的局限性

前文讨论了爱因斯坦相对论对牛顿运动定律的修正。在这之后，科学家又发现需要对牛顿定律进行另外的修正，以便解释与恒星和行星尺度相反的另一种物体的运动——原子运动，这个修正过程与爱因斯坦的理论有所不同。

根据这一修正时间测量的精度在一定程度上是有限的，我们无法同时获得所有信息，越想了解“发生了什么”，我们就越无法确定它“什么时候发生”，反之亦然。这就像我们不能既吃下面包，又同时拥有这个面包。

举个例子：如果我们想确定步枪中射出的子弹通过空间某一点的时刻，我们可以在子弹通过这一点时，触发高速照相机拍一张照片，照片同时拍到子弹后面的挂钟，挂钟显示的时间就是子弹通过空间这一点的时间。

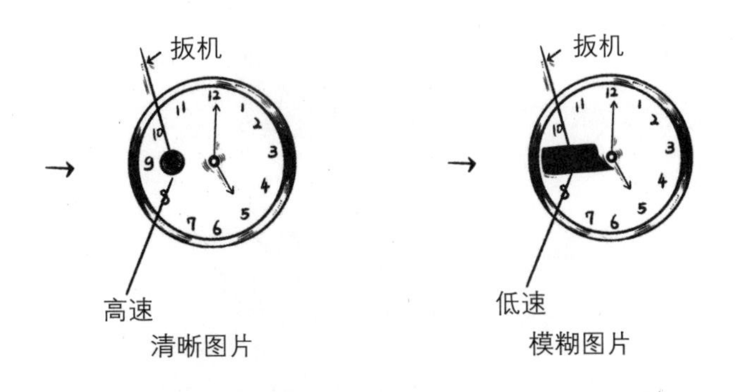

但如果我们想要了解的是子弹的运动方向，而且也只能拍一张照片。这时就需要慢速拍摄，拍摄出的照片会显示子弹通过时的模糊画面，从这个画面中可以确定子弹运动的方向。但是，照片中的挂钟秒针显示模糊，所以难以在得知子弹运动方向的同时获得其通过空间某一点的时刻。

一个事件发生的时刻和它持续的时间都可以被测量出来。但是，测量的精度越高，得到的信息反而越少。科学家称这个现象为“测不准原理”，它是自然界的一种基本属性。

基于量子力学测不准原理的描述是：由于探测工具对微观粒子的不可避免的相互作用，我们不可能同时测准物体的动量和位移。将这个原理直接应用到原子运动上，比如在氢脉泽中，氢原子发出一个光子。基于测不准原理，我们越确切地测出这个原子释放的能量，我们就越不知道它何时释能。

在本书第 5 章中，我们已经得知释放量子的频率和它所释放的能量之间存在确定的关系，量子的能量越大，其频率也越高。如果能够准确地得知量子的能量大小，就能准确得知其频率。

但是测不准原理表明：如果想通过精确测量能量来推测出准确频率，那么我们就无法得到能量释放的精确时间。

这就像水库里流出的水。如果水流出得很慢，就可以准确地测量出它流出的速度。但是，由于这个流出的过程会持续很久，因此，我们不必关心，也无法得知水何时开始流出，或何时停止流出。相反，如果水库突然崩塌而导致洪水涌出，这时很容易得知水开始溢出和停止溢出的时间。但是，测量水流的速度便成了难题。

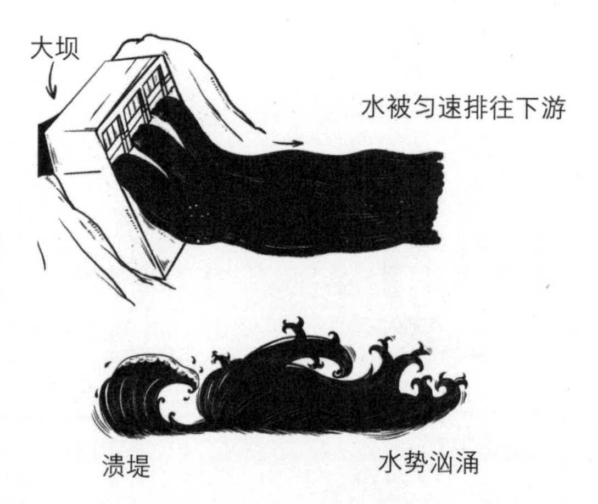

对于原子来说，当其能量缓慢释放时，我们可以准确地测量出其频率。通过本书第 5 章对铯原子束管谐振器的描述，我们知道原子待在铯原子束管的时间越长，越容易准确测出它的共振频率，这个谐振器的品质因子（Q 值）也越大。基于第 5 章和量子力学的内容，可以得出以下结论：观察谐振器的时间越长，越利于得到接近真实的频率。

最后，讨论原子的自发辐射。原子有自然寿命。如果让它们自生自灭，它们最终会自发释放出一个光子。但是，每个原子的寿命不同，这主要取决于原子的特定能态。比起自然寿命长的原子，一个自然寿命较短的原子辐射能量的时间更容易确定。因此，根据测不准原理，寿命短的原子辐射出的能量不确定，它的频率也不确定；寿命长的原子辐射出可以确定的能量，它的频率也容易确定。

从这个意义上来说，每个原子都有其自身的Q值。长自然寿命的原子对应于长衰减时间的单摆，Q值高；而短自然寿命的原子对应于短衰减时间的单摆，Q值低。

值得强调的是，虽然某种原子能量跃迁的特性可能对应相对低的Q值，但这不妨碍我们用它制造出好的原子钟。举个例子，原子光束谐振器包含上百万颗原子，其Q值是一个平均的结果，它消解了特定的某个原子辐射波动的影响。其唯一的局限，如本书第 5 章所说，是原子能在贮存器中停留的时长。

原子钟和引力钟表

在科学领域，似乎没有一个简单的理论既可以解释天体等宏观世界的运动，又可以解释原子等微观世界的运动。万有引力影响着星系、恒星和单摆等的运动，而原子运动则遵循量子力学规律。

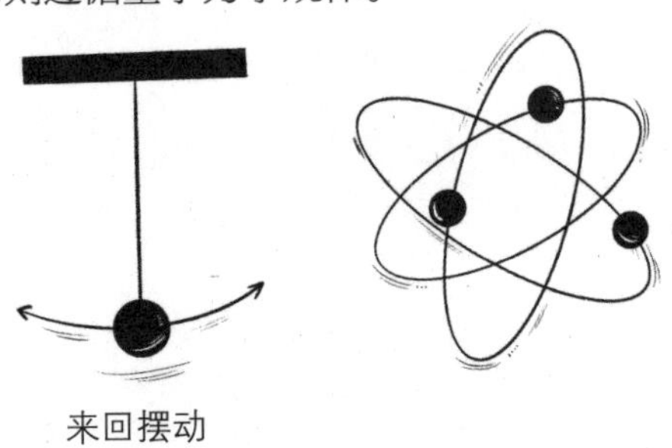

钟表技术在过去几十年发生了巨大变化。它已经从基于单摆运动过渡到基于原子振荡运动。伴随着谐振器原理的变化，科学家的视线也从宏观世界转移到了微观世界。

然而，这种变化伴随着一个问题：根据牛顿运动定律和万有引力定律制造出来的钟表，是否可以与基于量子力学运转的原子钟显示相同的时间？在1900年，原子秒几乎等于历书秒。但是，这个关系是否恒久不变？原子秒和重力秒是否会逐渐偏离？

这些问题的答案包含在对于微观世界与宏观世界关系的更深层次讨论中。在这两个世界中，存在很多“物理常数”，它们不随时间的改变而改变，比如光速c和引力常数G。根据万有引力定律，两个物体间的引力与它们的质量成正比，与它们间的距离平方成反比。所以，如果M_1和M_2表示两个物体的质量，D代表距离，牛顿万有引力公式可以表示为：

$$F=G\frac{M_1M_2}{D^2}$$

为了得到引力需要引入常数G。G是由实验得出的，而不是从科学推论来的。

在量子力学中，也存在相似的情况。能量E与频率f有关，其数学表达式为$E=hf$，这里h是一个常数，称作普朗克常数，它也是通过实验得到的。如果由于某些未知原因，G或h随时间变化，那么引力钟和原子钟的时间就会产生偏差。因为，如果引力随时间缓慢变化，那么引力影响下的单摆的周期也会缓慢变化。同样，h的变化也会引起原子钟周期变化。所幸，目前没有实验证明这两个常数在变化，但这个可能性是存在的。

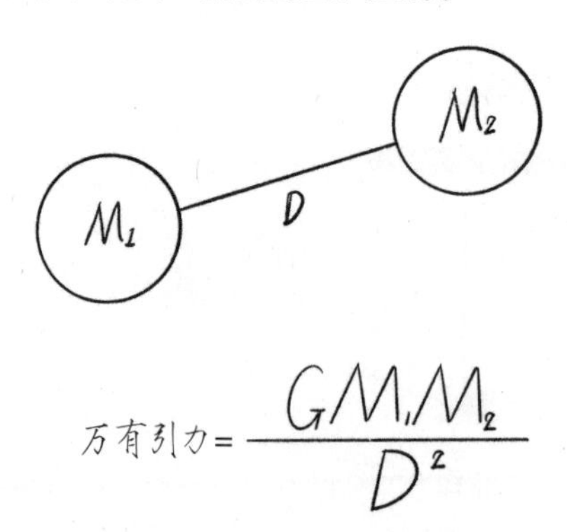

如果G和h发生改变，就会发生一些奇怪的现象。在这种情况下，因无法确定哪个时间尺度是正确的，我们只能推测一个相对正确的时间尺度。例如，现在假设引力时相对于原子时逐渐变短，让我们将原子时作为参考尺度，来看看引力尺度的变化规律。

假设引力钟表相对于原子钟的时间速率每十亿年增加一倍，为了简化这个例子，假设速率的改变是在第十亿年的瞬间增加一倍，而不缓慢变化。那么，十亿年前的一台单摆或者引力钟表的运行速率只有原子钟表的一半。让我们以十亿年为间隔向前推算，把测得的两种钟表的时间列成表，得到：

累计原子钟表时间＝1个十亿年＋1个十亿年＋1个十亿年＋…

累计单摆钟表时间＝1个十亿年＋$\frac{1}{2}$个十亿年＋$\frac{1}{4}$个十亿年＋$\frac{1}{8}$个十亿年＋…

越往远古推算，累计的原子时间就越趋于无限，而累积的单摆时间越接近二十亿年：

$$1+\frac{1}{2}+\frac{1}{4}+\frac{1}{8}+\frac{1}{16}+\frac{1}{32}+\frac{1}{64}+\cdots=2$$

在这个算法中，引力时间指向一个确定的时间起点，而原子时间却趋于无限，没有时间起点。

以上的例子只是众多可能性之一，但足够说明问题。有关时间测量的问题必须慎重考虑。只想知道时间而不了解测量方法是没有任何意义的。

链接

时间的方向及其在自然界中的体现

由台球和用数学表示时间方向的例子，可以得知数学家通过初始条件、边界条件和运动定律来描述一个问题。时间轴的方向是由初始条件导出的，而不是由台球遵循的运动定律导出的。台球从“聚集成三角形”这一初始条件开始，随后在桌面上随机运动，这就是时间的方向。

如果台球从一开始便随机运动，即初始条件是台球在一个随机的位置，且有随机的速度和随机的动量方向，在这种情况下，时间就没有方向。但是，台球依旧遵循运动定律，这与它的初始条件是聚集在一起还是分散无关。

这里就出现一个非常有趣的问题：由于宇宙是随机的，那是否意味着宇宙中的时间没有方向？从之前的讨论看来，时间在随机运动的宇宙中似乎是没有方向的。但这并不是定论。直到 1964 年，人们才找到了在自然界中印证时间方向的理论，证明所谓时间轴就是自然现象从有序到无序的结果——在遥远的古代，宇宙曾经是有序的，而 100 亿—200 亿年后的现在正处于它从有序向无序发展过程中的一个节点。这就是宇宙大爆炸理论。

保持对称性的挑战

为了更深入研究时间，我们进入了物理学的世界。这是一门兼具实验和理论的学科。在物理学中存在一些有争议的问题，其中有些问题至今仍未解决。迄今为止，物理学所能做的是试图解释所看到的现象，并且据此预测未来的发展。

1964 年前，没有一个定律能解释宇宙中的时间方向。但是在 1954 年，在普林斯顿进修的两位物理学家——李政道和杨振宁，无意间发现了研究这个问题的方法。

物理学中重要的一个概念是，事物本身存在某种对称性，对这种对称性的探寻也使人们加深了对自然本质的了解。现在，让我们再次回到台球的例子。在桌子无摩擦力的情况下，观众无法通过正常播放和回放拍摄的影片来确定时间的方向，台球运动遵循的规律与时间方向无关。对这个实验进行扩展，我们可以对任何遵循某种定律的现象进行拍摄，只要观众无法区分某运动的影片是正常播放还是回放，就可以说这个运动所遵循的定律与时间方向无关。物理学称其为时间反演不变性，或时间反演守恒。

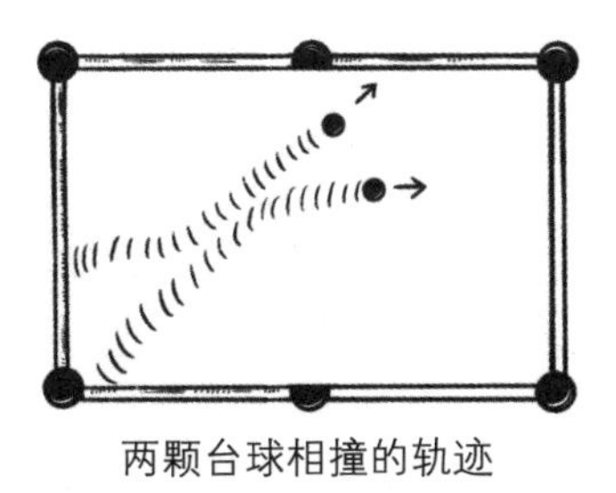

两颗台球相撞的轨迹

两种现象在自然界中都有可能发生

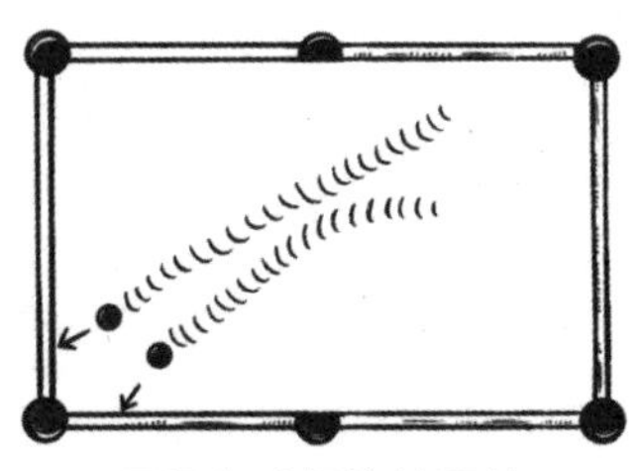

两颗台球相撞的回放

时间反演不变性

但是，时间反演不变性不是唯一一种对称性，物理学中的另一种对称性是左右对称。我们可以通过两步实验测试这种对称性。第一步，借助仪器进行实验，并且观察实验结果。第二步，按照第一次实验的镜像条件进行实验。如果左右对称成立，那么两个实验的结果应是相同的，即镜像条件下的实验结果就是第一个实验的结果。物理学用宇称（P）表示左右（或宇称）守恒。

1956 年以前，因为也没有确切的实验给出反例，人们都认为宇称守恒。但是，李政道和杨振宁提出了宇称守恒不总成立的观点，他们当时正在研究一个微小粒子的问题，这个问题一直困扰着科学家。

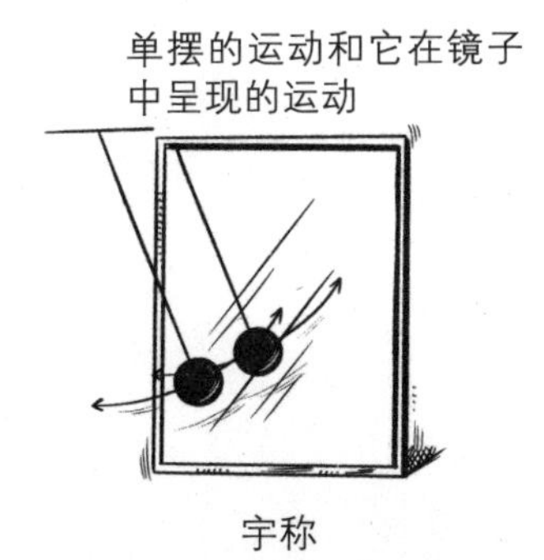

宇称

在 1957 年，这个观点被哥伦比亚大学吴健雄的实验证实。在实验中，她将两组放射性原子核置于磁场中，使其向相反的方向自旋。她观察到，当磁场中的电流方向相反时，放射性原子核发射出的电子方向并不对称。这就印证了李政道和杨振宁提出的宇称不守恒的观点。

宇称守恒的推翻，打开了物理学家的思路，他们开始寻求新的对称性，第三种对称性——电荷共轭（C）。理论上，每种粒子都有反粒子。除了所带的电荷不同以外，反粒子与它们对应的粒子有相同的性质，即粒子与其反粒子只有电荷符号的区别。带有负电荷的电子的反粒子就是带有正电荷的电子。根据爱因斯坦的能量守恒公式$E=mc^2$，当一颗粒子遇到其反粒子，它们就会共同湮灭，转化为电磁能。反粒子理论由英国物理学家保罗·狄拉克在1928年提出。研究宇宙射线的美国物理学家卡尔·安德森在1932年通过实验证明了它的存在。

虽然本书更关心的是时间反演，但我们需要先讨论一下宇称问题。之前提到，实验表明宇称守恒不总成立，这个结果扰乱了科学家的研究。但是，他们找到另一种方式来解释对称性问题：如果用一种新型“镜子”替代先前实验中的镜像，这个新型镜子不仅映射出粒子的影像，还将其转化成为相应的反粒子，则对称性依然成立。换句话说，用这个方法得到的结果不违反宇称守恒。因此，新型的“镜子”不仅满足宇称守恒，而且还可以将粒子转化成其反粒子，即电荷共轭宇称（CP）守恒。这样，物理学家也就松了口气。

电荷共轭

然而，这个对称性的假设只成立了很短的时间。1964年，詹姆斯·克罗宁和瓦尔·菲奇做了一个实验，实验结果显示电荷共轭宇称不守恒。但是，它却显示出时间反演守恒，即时间反演不变性成立。从相对论到量子力学，现代物理提出了一个“超对称理论”，也就是说：如果有一面镜子将左边改变到右边、将粒子转化为反粒子、将时间回溯，那么，我们就能得到与自然本质真正相符的实验结果。克罗宁和菲奇由于他们杰出的工作，获得了 1980 年诺贝尔物理学奖。

必须强调的是：超对称理论不是一种猜测，而是实在的相对论和量子力学理论。如果它不成立，那么现代物理学理论就会被推翻。在 1964 年的实验中，电荷共轭宇称守恒被打破，如果超对称性成立，那么只有时间反演不守恒，电荷共轭宇称才会不守恒。但迄今没有人能够在实验中打破时间反演守恒。

没有人知道这些对称性的成立与否对人们日常生活意味着什么。但是，这些难题不断地对科学家提出挑战，激发人们去探索新的、未知的知识。被推翻的对称性仅仅是众多科学成果的冰山一角，不过它们却足以掀起人们对自然本质认知的一场革命。

17 时间和天文

近几十年来，时间的测量似乎逐渐与天文学失去了联系，而关于宇宙和生物进化的理论却蓬勃发展起来。本章将讨论怎样将理论与实际观测相结合，来估计宇宙的年龄，并介绍一种可以像钟表一样发送信号的恒星。我们会引入相对论，观察时间在它附近的流逝特点。最后，我们会介绍一项需要借助原子钟来实现的射电天文技术，这项技术在射电天文以外的领域也有着有趣的应用。

测量宇宙的年龄

1648年，爱尔兰大主教阿瑟提出宇宙产生于公元前4004年的10月23日，星期日。从那时起，便出现了很多关于宇宙年龄的猜测，而每次新的猜测，都将其年龄推到更早的时间。在19世纪，开尔文爵士估计宇宙的年龄在2000万—4000万年之间，这是根据其初始温度到现在温度的变化推算的。1930年，根据对陨石放射性元素衰度的测定，科学家推算宇宙的年龄在20亿年左右。当前，对宇宙年龄的估计在80亿—160亿年。

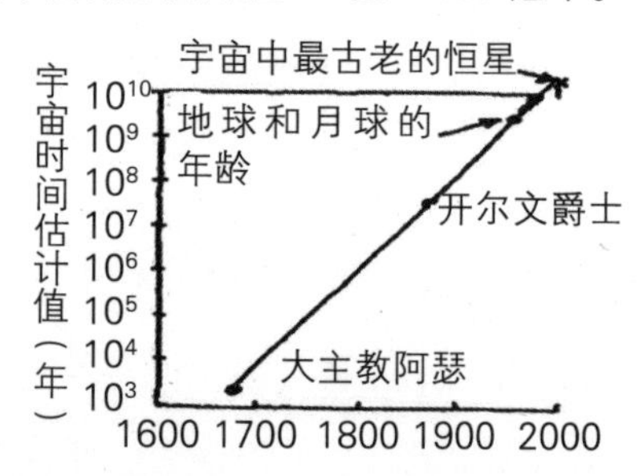

最新的推算采用两种方法。第一，将宇宙的年龄与遥远星系的速度相关联；第二，对宇宙进行持续观测。

宇宙膨胀——时间等于距离

纵观历史，人们试图将宇宙设想成“从永恒到永恒”的状态。但在1915年，爱因斯坦根据其广义相对论研究宇宙进化问题，得到的结论却是：宇宙是动态的、膨胀的。事实上，他也质疑这个结论，因此，在他的公式中引入了一个新常数——“宇宙常数”，来防止从公式中导出宇宙膨胀的结论。然而在1929年，即14年之后，美国天文学家埃德温·哈勃发现宇宙确实在膨胀，而爱因斯坦也提到“引入宇宙常数，是我人生中最大的错误”。

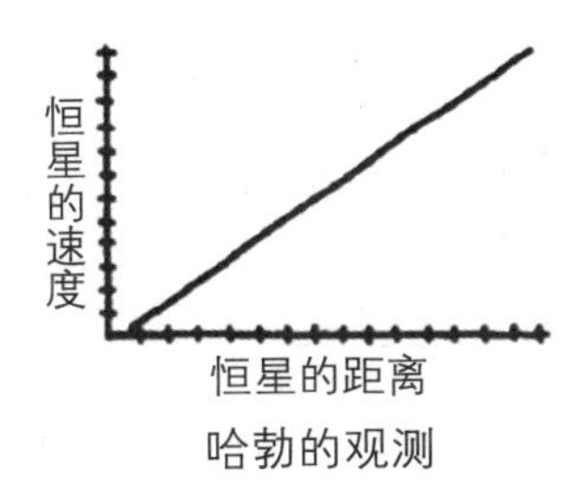

哈勃的观测

后来，哈勃通过多普勒效应，得出了宇宙膨胀的结论。以火车响鸣汽笛为例，驶向我们的火车汽笛声的频率升高，而驶离我们的火车汽笛声的频率降低。哈勃研究不同星系发出的光，发现当星系高速离开地球时，其光谱的某个成分的频率会变低。另外，星系离地球越远，它离开地球的速度越大。

随着哈勃对星系与地球距离和速度关系的研究的深入，估测宇宙的年龄也成为可能。事实上，所有星系都正在远离地球这个事实反过来意味着它们最初都出发于同一个原点。因此，如果可以得知星系的运动速度和它们到原点的距离，就可以推算出宇宙的年龄，科学家据此认为宇宙的年龄约为200亿年。有些人认为星系的运动速度随着时间减慢，因此宇宙的年龄会更短。事实上，从进化论的角度估算，宇宙的年龄确实比200亿年短。

大爆炸，还是稳恒态？

科学家研究了宇宙演化问题，并提出一套理论。该理论指出，宇宙以某种方式不断演化，它的组成随时间而改变。迄今的观测表明，宇宙的寿命大约是100亿年，这符合早期的一个观点，即宇宙早期膨胀的速度比现在快。这个理论便是我们熟知的“宇宙大爆炸”。它假设在时间的原点，宇宙的密度无限大，

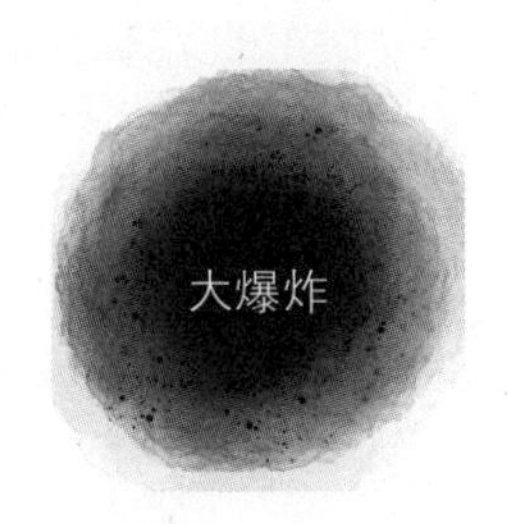

大爆炸后宇宙向外膨胀，星系随之形成。

与大爆炸对立的理论是稳恒态理论，这个理论与哲学家们提出的宇宙是“从永恒到永恒”的观点一致。但是，当今大量的天文观测结果与“宇宙大爆炸”理论相一致。因此，“稳恒态理论”基本上已经被抛弃了。

宇宙大爆炸之前是什么？我们无从得知。关于时间，我们还有太多未了解的内容，或许在不久的将来，关于宇宙的开始和结束这类问题会得到解决，而我们所做的也许就是将已知的微观世界的理论，应用到宇宙这样的宏观世界中。

在本书第 18 章，我们还会讨论这些问题。

恒星钟表

科学研究常常会得到意想不到的结论，这些结论可能又会开辟一个新的研究领域。多年前，为了研究射电星发射无线电波的闪烁现象，科学家在英国剑桥大学的穆拉德射电天文台建成了一台射电天文望远镜。当时科学家认为这种闪烁可能是太阳发射出的高速电子流引起的，因此这台望远镜在设计时就着重于用来探测无线电波的快速变化。

1964 年 8 月，在记录恒星无线电信号的图纸上，出现了一个奇怪的现象：一组尖锐的脉冲集中出现，之后消失，然后再出现，这种现象持续了数月之久。经分析，科学家们发现这组脉冲以非常稳定的频率出现：每秒出现 133 730 113 次，每组脉冲持续 10—20 毫秒。此现象引起了一些科学家的注意，他们猜测这可能是外太空的智能生物发出的干扰信号。但是进一步的观测发现，在银河系内还存在着更多这样的“恒星钟表”。可是，在银河系中人类现今的认知表明，还没有除人类以外的智能生命。

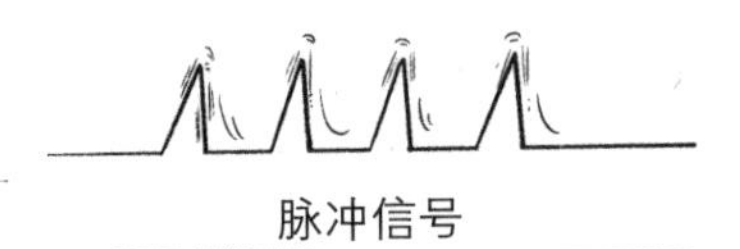

脉冲信号

一种观点认为，这类“恒星钟表”（也叫“脉冲星”）是一种中子星，它处于恒星寿命的末期。根据恒星的形成、进化和死亡的理论，恒星是由星际尘埃和气体组成的，这些尘埃和气体可能来自最初的宇宙大爆炸，也可能来自恒星死亡时的猛烈爆炸或超新星形成的尘埃。

粒子间彼此的引力逐渐凝结成一股特别的尘埃或气体层，随着粒子的聚集和引力的增加，一个越来越紧的“球体”逐渐形成，最终在其质量中心发生高密度、高热量的核反应，这一过程就像氢弹爆炸，这就是恒星的形成。

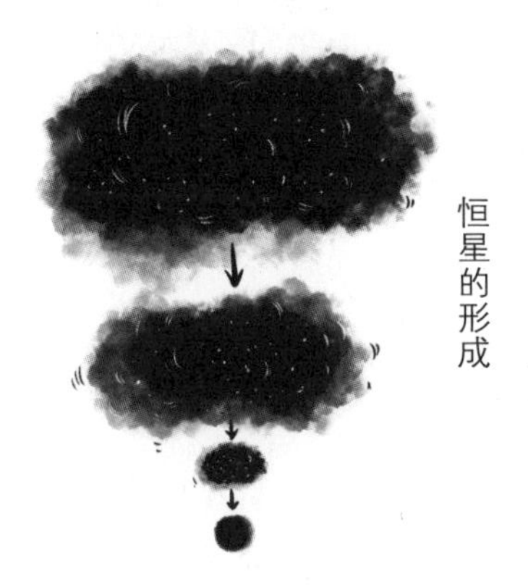

恒星的形成

白矮星

对于一颗年轻的恒星，其热能和光能来自氢核聚变为氦核的过程。这个过程中产生的斥力迫使恒星内物质向与其自身重力相反的方向运动。两种力彼此对抗，直到达到平衡状态。当氢耗尽，恒星向其内部收缩，到达一种高压状态，使得氦核也开始聚变，从而产生新的、更重的元素。最终，直到不管压力

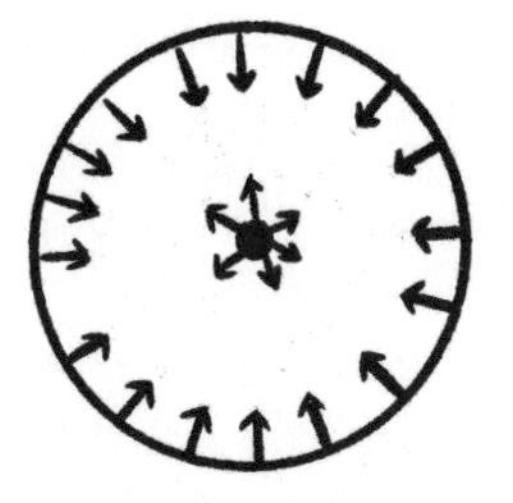

由原子核聚变产生的向外压力与恒星自身重力间的作用

氢原子核消耗殆尽，恒星向中心坍塌

多大都没有物质可聚变时，恒星开始坍缩。

当恒星开始坍缩，它的最终状态就取决于它的质量，如果它的质量与太阳相近，那么它在坍缩的最后会形成另一种物质，这种物质的密度远远大于我们所熟悉的地球上的任何物质。1 立方厘米这样物质的质量大约是 1000 千克。此时这样的恒星叫作白矮星。在它最终降温阶段，白矮星微弱的光芒还能在太空中闪烁几十亿年。

中子星

对于质量稍大于太阳的恒星，其自身重力会使它在到达白矮星阶段后继续坍缩。由于重力很大，其中的原子被紧紧压在一起，以致围绕原子核的电子坍缩进核内，与质子结合形成无电荷的中子。在正常情况下，中子的半衰期为 11 分钟，也就是说一半的中子会在 11 分钟内继续衰变为一个质子、一个中微子和一个高速电子。但是，由于恒星内部强大的重力作用，电子无法逃逸，因此，我们会最终得到一颗“中子星”。它是一个直径约 20 千米的球体，其密度大约是白矮星的 1 亿倍。这种星体的旋转非常快，且轨道不会偏离。这样看来，中子星可以作为恒星钟表。

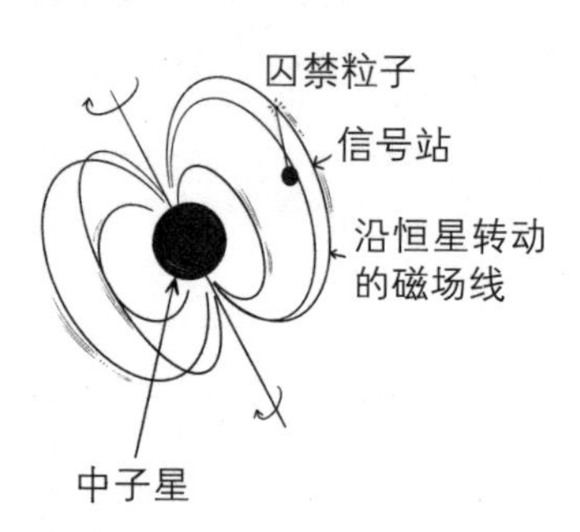

但是，脉冲来自哪里呢？原来，中子星在自转时会形成一个围绕其自身的磁场，就像地球自转产生的磁场一样。随着中子星的自转，其周围的带电粒子也一同转动。离中子星越远，它们转动的速度越快。离中子星最远的粒子接近光速。

由相对论可知，没有粒子的速度能超过光速。因此，这些粒子通过辐射能量，来避免超过光速。如果它们聚集成一簇，就形成一簇光波或无线电波。在地球上检测到的脉冲，就是这簇光波或无线电波经过地球时的信号。如果这种猜想正确，那么由于持续的能量辐射，中子星的能量会逐渐减弱甚至消失。实验观测结果也表明脉冲星的速率在逐渐降低，降低的幅度可通过理论进行预测。

脉冲星和引力波

1974年的一项重要发现使得天文学又回到时间和频率测量技术的研究中。拉塞尔•艾伦•赫尔斯和约瑟夫•胡顿•泰勒在对天空中的脉冲星进行系统性的测量时发现，有一颗脉冲星不符合常见的规律。它1秒发射17个脉冲，但脉冲的周期每天变化约80微秒。这出乎了科学家的预料。

进一步观测表明，这些脉冲信号的变化有一定的规律，每7小时45分钟重复一次。赫尔斯和泰勒推测，这可能是由于这颗脉冲星有一颗伴星，这颗伴星可能是中子星。这种带有中子星的脉冲星，使得赫尔斯和泰勒提出了一种验证广义相对论的方法。在此之前，广义相对论从未被验证过。

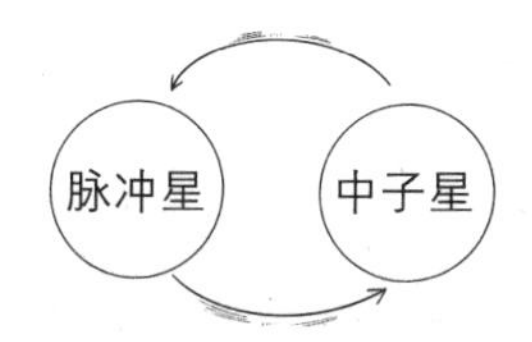

根据广义相对论理论，任何加速的天体都会辐射引力波，引力波可以看作以光速传播的力场，它与加速的电子辐射的电磁波在许多方面类似。但是，除非天体的质量非常巨大，否则它的引力波十分微弱，给探测引力波的工作带来了很大的困难。

经计算，这对中子星-脉冲星构成的双星系统产生的引力波所辐射的能量是太阳辐射总能量的五分之一，这是非常大的能量。会产生这种能量损失的一种解释是，这颗中子星和脉冲星之间的距离以一年几米的速度逐渐减小。但是，怎么样才能准确测量出如此遥远距离中的微小距离变化呢？

进一步计算显示，这两颗星体逐渐靠近的过程能够通过探测脉冲星所发射的射电信号的变化反映。经过对这一无线电脉冲的多年仔细测量，泰勒和他的同事确定这种脉冲周期的改变与广义相对论的推导相一致。

为了表彰他们的工作，赫尔斯和泰勒获得了1993年的诺贝尔物理学奖。

黑洞——时间趋于停止

质量与太阳相当或更小的恒星变成白矮星；质量稍大的恒星变成中子星。现在，还有另一种恒星，它的质量大到最终坍缩成一个点。

对于中子星，其坍缩受中子内的核斥力制约。但是，对于质量更大的恒星，重力会克服核间的斥力，这样恒星会持续地坍缩，直到在太空中成为一点。它包含了原始恒星的所有质量，但体积为零，因此，其密度和重力无穷大，其重力强大到附近的任何物体（包括光）都无法克服，因此我们称之为“黑洞”。

19 世纪 30 年代，科学家基于相对论推导出了黑洞的存在。多年来，不断有证据表明黑洞确实存在，其中一项重要的观测显示，宇宙中的一颗恒星围绕着一个不可见的物体运动，而这不可见的物体放射出强烈的X射线，这些射线被认为是物质流向黑洞的过程中产生的。而这一物质流则是黑洞的重力场“迫使”其周围物质进入而产生的。

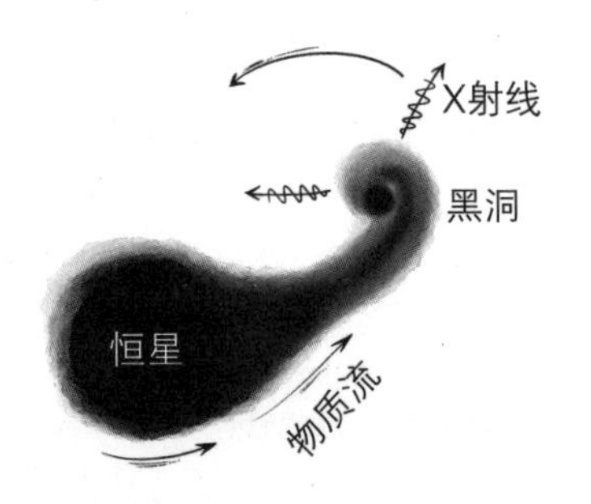

通过哈勃望远镜，人们得到了更多的证据。未经地球大气扭曲的宇宙照片揭示了黑洞可能的位置，银河系的中央也可能是一个巨大的黑洞。

在这样的真空物体中，时间是怎样运行的？根据相对论，随着重力场的增加，时间会变得越来越慢。

假设一颗有质量的恒星，它耗尽所有燃料，开始进入引力坍缩阶段。假设在这个坍缩的恒星表面，有一台原子频率标准，它的频率通过光信号传递给远方的观测者。在恒星坍缩的过程中，原子频标的频率随着重力场的增加而降低。最后，当恒星直径达到一个临界值时，它的重力强大到光信号也不能离开恒星表面。在恒星直径趋于这个临界值的过程中，远程观测者会发现：恒星表面的时钟运行得越来越慢，恒星的影像越来越微弱。

对这个过程进行数学分析，结果表明：在远程观测者看来，恒星经历了无限的时间来到达这个临界值；但是对于在恒星上的观测者看来，恒星在有限的时间内就可以达到。

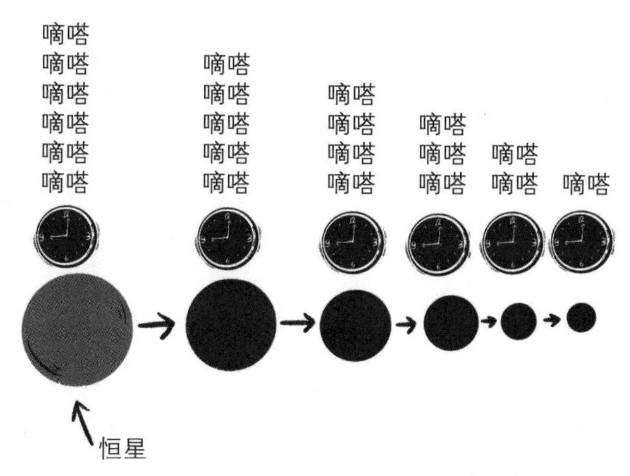

黑洞的形成

这说明什么？没有人能知道。我们看到恒星不断向内坍缩，直到它变成宇宙中的一个点，数学家称空间中的这个点为——奇点。在数学中，奇点的出现说明某个理论出了错。于是，科学家们需要寻找一个更有力的理论，而也许这个新的理论会开辟一门新的学科。这种情况在物理学界已发生了多次。举个例子，尼尔斯•玻尔提出电子只绕原子核旋转而不会进入原子核，这个错误理论恰恰成为研究微观世界运动的奠基石。所以，或许黑洞也会是一条连接微观世界和宏观世界的纽带。

时间、距离和射电星

本书第 13 章提到基于时间同步的无线电波信号确定距离和位置的系统。这里，我们将介绍一项新技术，它通过观测射电星，将时间和距离联系起来。这项技术来自一个相对较新的学科——射电天文学。

天文学需要解决的一个问题是确定天体的方向和距离。天文测量中有一个被天文学家称作“分辨率”的重要概念。一台望远镜的分辨率主要由两个因素决定：仪器接收外太空辐射的装置的面积，以及观测所用的频率。

接收面积越大，分辨率越高；观测频率越低，分辨率越低。对于光学天文，接收面积就是望远镜的镜头或镜片能够接收恒星发射信号的范围。对于射电天文，接收面积取决于天线，因此射电天文望远镜的天线通常选取盘子一样的形状。

因为分辨率取决于频率，而光学频率高于无线电频率。所以，在同一地点，一台光学望远镜能够比一台射电望远镜拥有更好的分辨率。为了达到高分辨率要求，建造一台大型射电接收天线的费用和工程难度都非常高，这使科学家们开始寻找替代方法，例如由两个距离很远的小天线组成一个系统。这个系统的效果与一个直径等于两个小天线的间距的大天线所能达到的分辨率相同。因此，与其建立一台直径 10 千米的大天线，我们可以选择建立两个相距 10 千米的小天线，而两者的效果相同。

但是，这一方法的选择是以牺牲某方面的性能为代价的。使用两个小天线所付出的代价是我们必须综合两地接收的信号，两个长距离的天线将接收到的信号记录在高质量的磁盘上。两个信号必须非常准确地按照时间记录下来。这可以通过在两个天线处放置时间同步的原子钟实现。两台原子钟产生时间信号，时间信号与其接收到的无线电信号一起被直接记录下来。当两台天线记录下各自的信号后，经过一段时间积累，可以把两张磁盘内的信息综合在一起，这个过程通常由计算机完成，综合得到的信息按时间顺序排列。这一步很重要，否则我们将无法对两组信息进行综合处理。

因此，记录恒星的无线电信号需要一个非常稳定的频率源，否则对射电信号的记录就会产生偏差，这就像如果在听广播时胡乱调频，就无法收听到稳定清晰的节目。原子频率标准提供了稳定的参考频率信号。由于对时间和频率信息的要求非常严格，如果没有精确的原子频率标准作支撑，用两台天线替代一台大口径天线的想法是无法实现的。

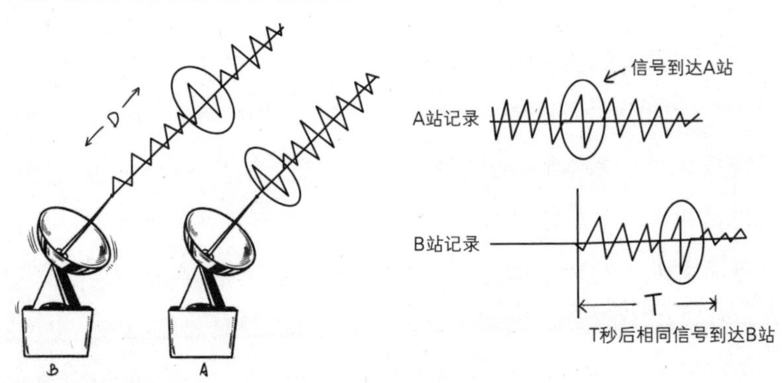

这项技术称作“长基线干涉”，它需要时钟同步和距离测量技术作支持。我们从射电星接收到的无线电信号包含了丰富的频率分量，因此总体表现为噪声。本书第 13 章已经讨论过这类射电星信号的特性。

假设信号刚刚到达两个天线。由于恒星不在天顶方向，信号到达天线A后，仍然需要一段距离D才能到达天线B。信号完成距离D所需时间为T。那么，天线A记录信号到达时间会早于天线B记录的到达时间，它们相差时间T，这个情况与在两个地面站接收卫星发出的信号类似，两个地面站记录相同的信号，但B站收到的时间会晚于A站接收的时间。

我们用卫星替换射电星，假设我们已知卫星的位置和两个地面站A和B的位置，然后在磁盘上记录到达信号产生的声音，这时如果我们直接把两个声音混合在一起，再进行回放，会听到信号本身的声音和它的“回音”。

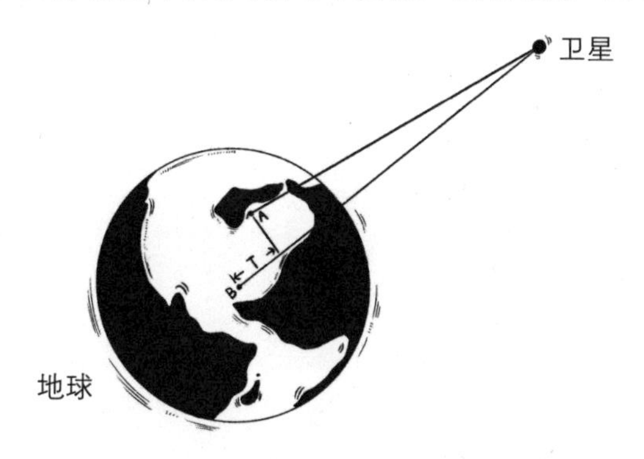

现在如果有一个装置，它能测量如图所示从A到B的信号延迟时间，然后调整A站接收到的信号录音，直到A的声音和B的声音完全同步，则回声消失。在这个过程中对A站接收的信号所做的延迟的时长就是信号传播路程D所用的时间T。

如果已知卫星和A、B站的位置，这些信息其实足够计算出时间T。假设计算所得的T是 100 纳秒，但是测量到回声的延迟时间是 90 纳秒，这种情形是怎么发生呢？可能的原因有两个：卫星或A、B站的位置可能存在误差，或者A、B 两站的原子钟不同步。

如果地面站和卫星的位置准确，那么 10 纳秒就是两个站间钟的时间偏差，据此还能找到一个新的时钟同步方法。

如果钟表同步，并且卫星的位置也是准确的，那么通过综合A站和B站的信号可以测得信号到达所需的时间延迟，又可以确定A站和B站间的距离。如今，人们用卫星（比如GPS）和射电星测量地面上站点间的距离，并且精确到厘米。这项工作还可以用来研究地壳运动，从而实现对地震的预报。

时间、频率和天文学的关系不仅如此，本章还只是个开始。

18 时间的终结

你在寻找一些虚无的东西，比如开始和结束；世上本无开始和结束，唯一存在的是过程。

——罗伯特·福斯特

困境

常识性的观察通常会曲解宇宙的真相。毕竟，没有比“地球是平的”“太阳绕着地球转”更显而易见的事情。然而，只有真理才是永恒的。

平的地球

从亚原子到螺旋的银河系，宇宙的尺度跨度是极其宽广的。人类既不在亚原子尺度也不在星系尺度上，我们只能从与我们自身体积相当的马、大理石、砖头、移动电话等事物中获得直观的常识。甚至我们自己制造出的一些东西也超出了我们对普通理解的尺度，比如摩天大楼，或者非常细小的集成电路芯片。

原子

星系

地球在时空中的位置，还有它和其他物质的关系等一系列常识问题，早在爱因斯坦之前就一直困扰着科学家。比如，如果地球是平的，它有没有边界？如果有边界，边界以外是什么？

地球边界的问题曾经是科学家面对的难题之一。因为想象地球的边界是很困难的事情。但如果地球无边无界，那么宇宙呢？它是否是无限的？通常陷入这样的困境是因为某些现存的观点可能是错误的。举个例子，当我们确认地球是球体，而不是平面的时候，之前由于后者所产生的问题便不存在了（而当我们开始研究太空中悬浮的物体时，又出现了很多新问题）。

错误的观点——►困境

所以，或许我们关于时间的起始和终止的困惑，也是由于我们错误地理解了时间的一些特性。现在让我们回到这个问题上。

一种共识是，所有的物质都存在于时间之中，并各自占据一定的空间，宇宙正是由这样的物质所充满。然而，由这个共识衍生出了许多有趣的问题。举个例子，早期的哲学家和科学家试图研究宇宙中单个物体的运动。怎样测量宇宙中一个物体的速度？速度是相对的，它的参考物可以是地球或其他恒星。但是，对于宇宙中的物体，有什么可作参考呢？

牛顿被这些问题难倒了，特别是其中一些问题与他自己提出的牛顿运动定律似乎存在矛盾。他发现一个与空间相关的问题——具体说是绝对空间。这个问题来自他的一个观点，即所有匀速运动参考系都遵循相同的运动定律。举个例子，无论你在陆地上玩台球，还是在轮船上玩，台球都会碰撞，它们在两地的运动遵循相同的物理法则。事实上，如果你在一艘平稳航行的船的船舱内玩台球，你是不会知道船是静止还是在运动的。

但是，这就是问题的所在。如果运动定律对于所有运动的参考系都是相同的，那么怎么选择才可以区分绝对空间或非绝对空间？牛顿未能解决这个问题。

然而，无论在陆地还是海上，牛顿深信所有钟表显示的时间相同。如果其中一个钟表显示的时间不同，只能说明这个钟表有缺陷。宇宙中时间的同一性是普遍存在的。

时间不绝对

在 1676 年，丹麦天文学家奥勒·罗默推翻了绝对时间这个观点。他发现光的速度有限，而不是当时很多人认为的无限。通过测量木星的卫星运动，罗默认为光速约为每秒 225 000 千米，与现代认为的光速值——299 000 千米相近。

罗默当时主要从事与伽利略理论相关的研究，即用木星椭圆环上的卫星作为导航钟，因此对光速的发现是一个意外收获。

光的成分：一部分电＋一部分磁

然而，关于光传播的理论直到1865年才出现。那年，英国数学家、物理学家詹姆斯·克拉克·麦克斯韦提出空气由原子组成，并且成功地将电学和磁学结合起来，形成一套完整的理论。这个理论提出了一种新的波——电磁波。同时他又指出，电磁波的传播速度与光速相等——这为后来证明“光是一种电磁波”奠定了基础。

由于这个理论预测光速是每秒299000千米，那么问题是：“速度每秒299000千米”的参照物是什么？当时的一个普遍观点是，光通过一个叫作以太的物质传播，就像声波通过空气传播一样。因此，光速的参照物是以太。那么，假设一位在以太中运动的观测者，他向着光源移动，那么他观察到的光应该以每秒大于299000千米的速度传播，而如果观测者远离光源运动，他观测到的光速会小于每秒299000千米。因此，一些人认为“以太”与“绝对时间”的概念一样可疑，它们都是牛顿运动定律无法解决的问题。

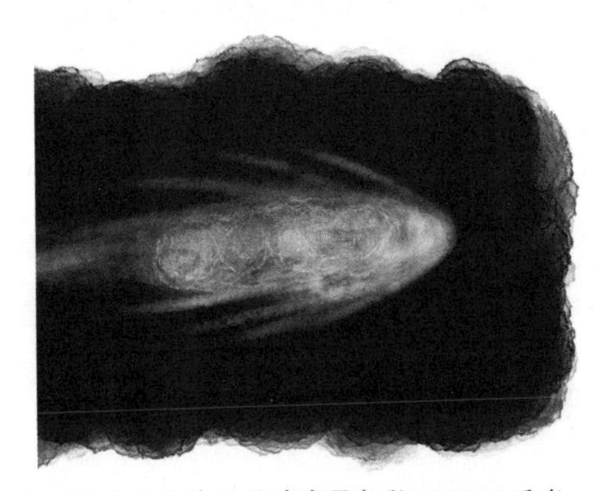

穿过地球的光信号的速度是每秒186000千米

为了观测相对于光源、光速的变化，两位美国科学家——阿尔伯特·迈克尔逊和爱德华·莫雷，在克利夫兰的应用科学实验室精心设计了一项实验。他们以地球为参照，测量了遥远恒星相对地球运动到不同方位时发射出的光的速度，出乎他们意料，他们没有检测出差异。无论观测者相对恒星做什么运动，光速都维持在每秒299000千米。这就像两辆汽车以100千米/时的速度彼此接近，它们观测到对方的速度就是每小时100千米，而不是每小时200千米。有时，一些所谓常识性的观点可能是错误的，需要用实验来验证。

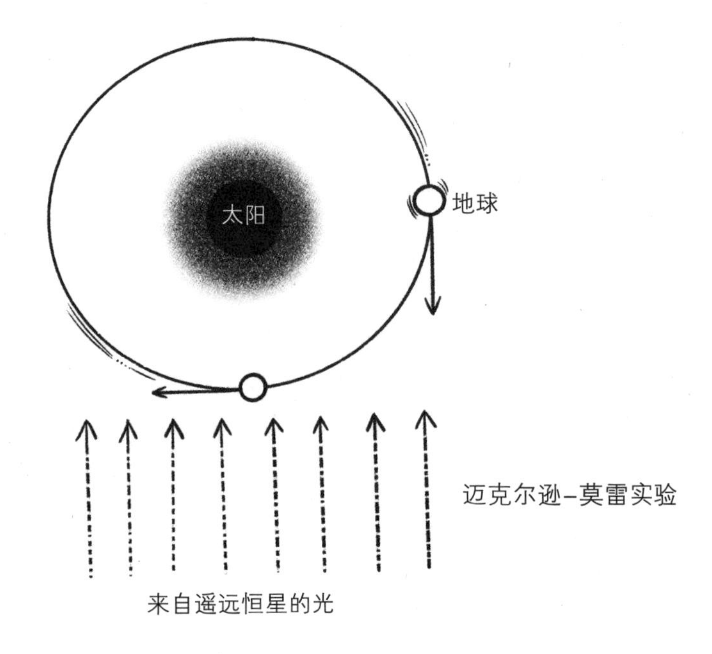

广义相对论

爱因斯坦的狭义相对论认为光速是常量，它独立于观测者和其相对运动。之后，他提出了广义相对论，这套理论考虑到了重力，它指出空间、时间和物质不是独立存在的（牛顿认为它们独立存在），而是三者交织在一起，彼此相互影响。因此，绝对空间、时间和物质三者结合的观点开创出一种新的宇宙观。

但是，作为物质、空间和时间相互关联的结果，时间对于广义相对论的重要性被低估了。时间和空间取决于空间中物质的分布，这个观点需要天文学家通过实际观测来验证，而不是理论物理学家的工作。

爱因斯坦是第一位在其广义相对论中提出时间属性的人。20 世纪前半叶，在爱因斯坦提出广义相对论前，学界一个普遍的观点是宇宙是静止的。它可能处于一种永恒的状态，也可能是有限过去的某些瞬间的现实表现。但是，在广义相对论中，宇宙是不可能静止的。可惜的是，爱因斯坦深受静止宇宙观点的影响，以至于在广义相对论中加了一个新的力——宇宙常数，以保持宇宙静止的结论。但是，即使引入这个力，爱因斯坦的宇宙观实际也不是静止的。

如果爱因斯坦未被静止宇宙观点束缚住，而是坚持自己最初的广义相对论观点，他将可提出一个大胆的预测，即宇宙在坍缩或者在膨胀。但是，在他的理论产生时，还没有证据显示宇宙的状态。

在 1922 年，物理学家亚历山大·弗雷德曼提出了第一个宇宙的现实模型。基于一个简单的前提，他否定了爱因斯坦的宇宙常数假说。这个前提是：无论观察者在哪里，宇宙在任何方向都相同。他表示宇宙只可能有三种状态，膨胀、坍缩，或者两种状态兼有，但膨胀的速率大于坍缩的速率。宇宙现在的状态取决于宇宙质量的分布。然而，这些宇宙模型必须有个初始量。因此，如果弗雷德曼的分析是正确的，那么关于时间的一个难题就能解决——时间有开始，它开始于宇宙产生时，即时间不是在宇宙产生之前就存在的，而是在宇宙产生之后出现的。

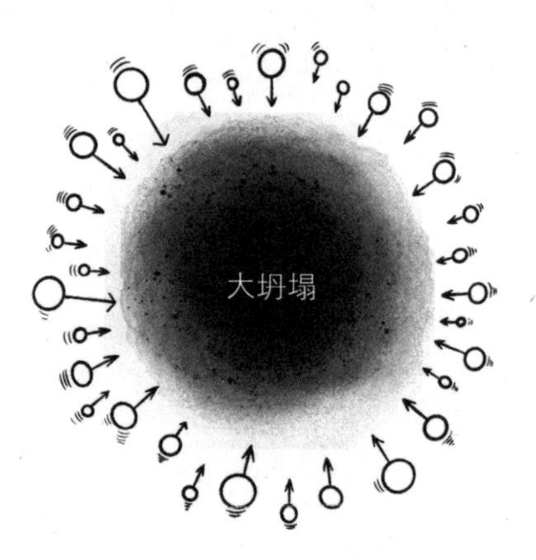

但是，时间是否会结束？哪些因素决定宇宙的状态？如果宇宙继续膨胀，那么时间也会向未来膨胀；但如果宇宙坍缩，那么时间最终会瞬间结束，这个瞬间也称“大挤压或大坍缩”（Big Crunch）。

虽然爱因斯坦在用广义相对论来解释时间问题时陷入了迷途，但他仍取得了一些成果。比如，广义相对论表示空间、时间和物质的紧密联系；空间和时间随着物质变化而改变。我们知道，钟表的运行速率会受到物质重力场的影响，同时，空间也是由物质决定的——它是弯曲的。

空间弯曲是很难理解的概念，我们只能通过类比来想象它。在平面空间中，球体的体积是 $\frac{4}{3}\pi r^3$。但是，在弯曲的空间中，球体的体积可能会小一些。

比如说，在爱因斯坦的宇宙静态模型中，恒星的重力使球体体积小于 $\frac{4}{3}\pi r^3$。

我们通过几何图形来了解空间的曲度。第一，在球体（半径为R）的表面，画一个圆（半径为r）。由这个圆包围的区域小于以R为半径的圆在球体表面圈起的区域。随着r增加，这个半径为r的圆形所对应的表面积被摊平，其面积也趋于πR^2。或者说随着R增加，球体的表面会变平坦。

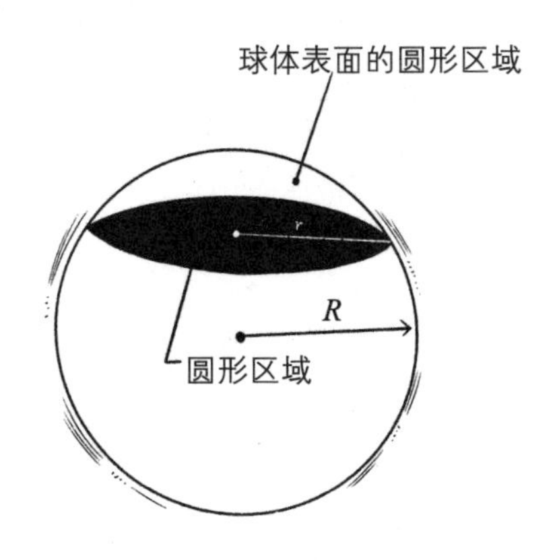

在这个二维空间中，球体的半径R可以用来测量空间的曲度。随着R增加，空间变得平坦，因此球体表面围成的区域的面积趋于圆的面积。

爱因斯坦的宇宙静态模型本身是弯曲的。因此，它的体积也是有限的。根据这个原理，宇航员可以完全探索整个宇宙，而不会遇到边界。

虽然，爱因斯坦的静止宇宙观被推翻，但它仍包含了弗雷德曼提出的宇宙理论的关键要素：宇宙是有限、有边界的。

不幸的是，直到爱德温·哈勃发现宇宙正在膨胀之前，没有人注意到弗雷德曼的工作。

大爆炸和打喷嚏

弗雷德曼认为：在任何方向上观察，宇宙都是相同的。然而，在地球上，这个说法并不成立。地球的居民生活在星系的边缘，而在一个星系中，中部的恒星密度要大于边缘的密度。如果从更远的距离观察，会发现星系团包含在更大的星系团中。但是，有证据显示，在一个足够大的尺度下，宇宙是各向同性的。

在 1964 年，两位美国科学家阿诺·彭齐亚斯和罗伯特·威尔逊发现一种微弱的无线电噪声，他们最开始不确定其来源，进一步的研究表明，这个辐射来自宇宙原点，并且辐射的强度在任何方向都相同。经研究后，科学家们指出这种辐射可能来自早期的宇宙，在宇宙诞生之初，其中存在着强烈的辐射，而现在则变得微弱得多。

这个发现是“宇宙大爆炸”观点的重要证据。

彭齐亚斯和威尔逊发现的这种微波辐射包含了一系列在宇宙中不会被吸收的频率，因此，它们得以从宇宙的边缘部分到达地球。然而，宇宙中任何剧烈的改变，都会对这一辐射产生一些可探测的影响，所以辐射可能在某一方向强于另一方向。早期的地基观测探测不到这些变化。而近期的卫星观测则揭示了一些更小的、更不易发现的变化。这些发现反而让天文学家松了一口气，因为一个绝对平滑的宇宙是无法产生恒星和星系的。

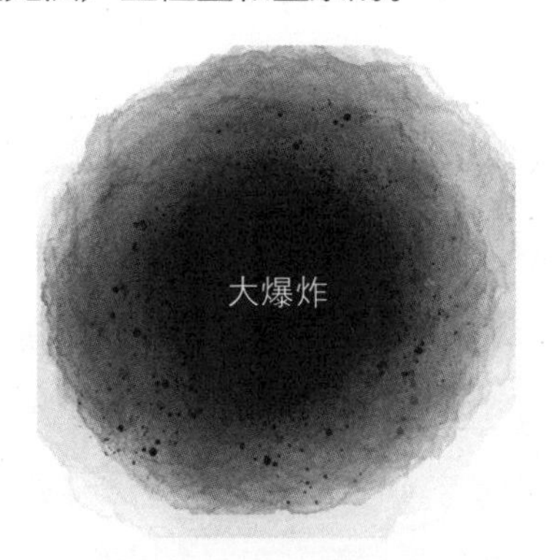

因此，宇宙和时间是否会结束于一次大坍缩？又或者随着宇宙膨胀，时间将会永恒延续？现在给出答案还为时过早。直接的天文学证据显示，宇宙中物质的密度没有大到足够产生大坍缩的程度。但是，间接证据显示，在宇宙中有很多看不到的“暗物质”，它们与可见物质结合，可能会导致大坍缩。不过目前来看，宇宙中有足够物质来支持弗雷德曼的模型，即宇宙以临界速率膨胀，因此不会出现大坍缩。如果这是正确的，那么时间就只有开始，而不会结束。

19 时间的方向，自由到哪种程度

第 16 章提到，时间的流动是宇宙从有序运动到无序运动的结果。我们举了一个台球的例子，它们开始被聚集在三角框内，随后其无序度增加。如果将这一过程拍摄下来，正常放映和回放会有明显的不同。因此很容易分辨出影片播放的方式。基于这一点，时间的方向可以由无序性的增加而确定。也就是说，随着宇宙的无序性增加，时间也单向流动。那么，当宇宙各部分的温度达到均衡，即达到有序状态，时间的方向也就随之消失。

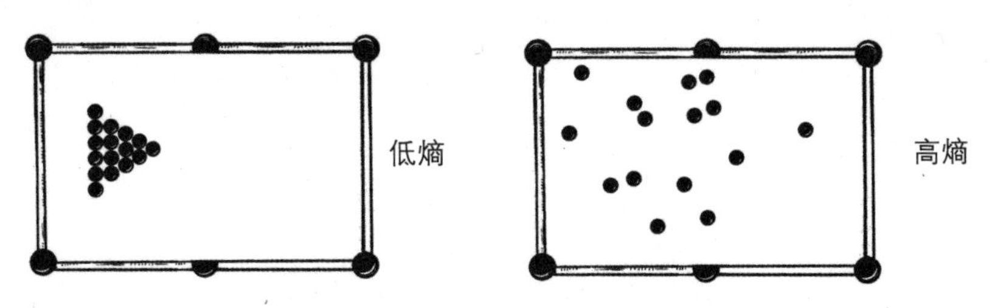

时间的方向和信息

在台球的例子中，对时间方向的解释是基于物理定律中时间的可逆性。对于牛顿运动定律、麦克斯韦的电磁学公式、量子物理、爱因斯坦的相对论等等，时间的前进和后退都是一样的。在牛顿运动定律中，可以通过推导“以前的”时间，来确定卫星过去的位置；也可以通过推导“以后的”时间，来预测未来木星的运动。在这种意义上，实际上没有未来也没有过去。然而，基于人类每天生活的经验推测，过去是已知或已经发生的，未来是还未发生的。但是，基于牛顿的宇宙观，未来也是可知的，由于过去与未来没有明显的区别，因此时间是可逆的。那么，我们该如何调和时间在物理定律层面上的可逆性与它在现实生活经验中的不可逆性？

无序和信息

从信息的角度讲，“无序”就是缺少支持寻找时间方向的信息。假设台球玩到一半，这时，它们在桌子表面以某种形式分布着。我们无法确定台球是怎样形成这样分布的。换句话说，我们无法确定台球达到这样分布的过程。因为有很多方式可以达到这样的状态。只有通过从初始状态记录台球的轨迹（如拍摄），才能知道台球达到当前状态的方式。

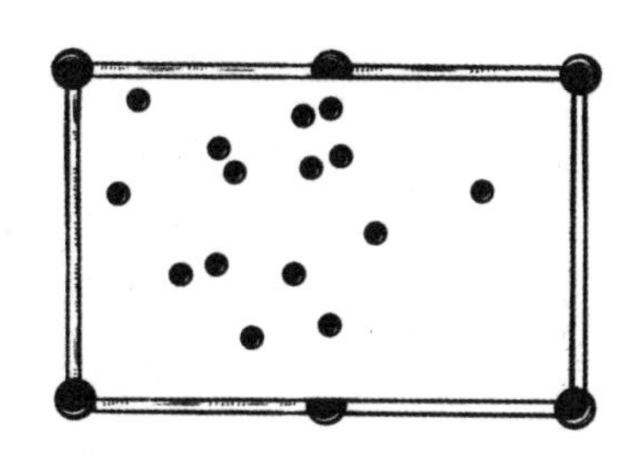

与之前讨论的热力学相似，诸如温度这类概念只是笼统地描述了物质的属性，而忽略了对组成物质的粒子的确切位置和运动轨迹的追踪。事实上，如果持续拍摄空气中空气粒子的运动（虽然现在的科技无法达到），我们就会像观察台球那样知道它们在任意时间的位置。

这说明，如果时间的方向是由无序的程度决定的，那么它就是时间的一个基本属性。而像“温度”这一概念掩盖了粒子的运动一样，“时间方向”掩盖了从有序过渡为无序的具体过程。

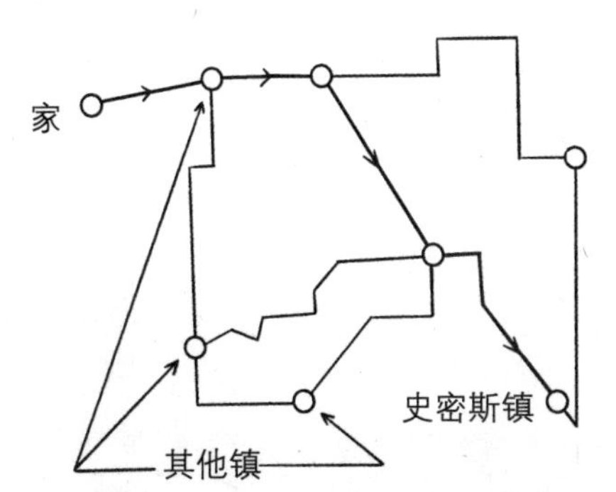

将这个情况类比，假设一位游客要从家坐车到史密斯镇。它首先需要查看汽车时刻表，确定哪辆车去史密斯镇，通常人们会在众多方案中选择最省时的一种。假设在两地间往返的汽车班数相同，游客往返于两地之间的便利程度就是相同的。这称作“微观可逆性”。

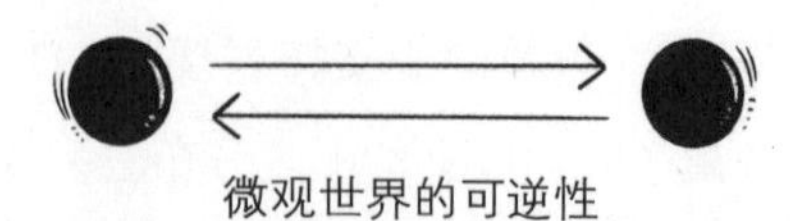

微观世界的可逆性

完成史密斯镇的参观后，游客可以再查看汽车回程时刻表，从史密斯镇返回家中。

现在，假设游客前往史密斯镇，但没有时刻表可以知道返程信息，尽管汽车站停着开往各地的车辆，而游客却不知道哪辆车在什么时候到什么地方。没有这些信息，即使有满满一袋钱，游客顺利返回的机会也会很渺茫。物理情况不变，车辆往返如初，唯一改变的是游客不知道将要发生什么事。曾经可逆的情况，现在变得不可逆。

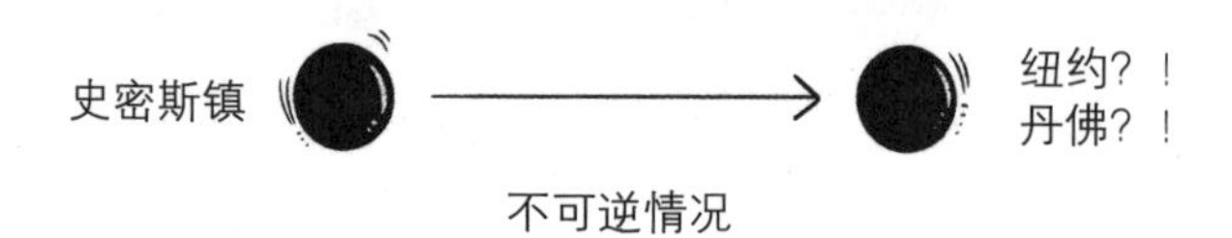

不可逆情况

基本物理定律中的时间反演指的是微观上的可逆性。在微观世界中发生的所有现象都可以通过时间回溯，回到未发生的状态。然而在宏观世界中，我们很少能“撤回”已经发生的事情，就像前面提到的台球的例子，我们不知道曾经怎样的运动轨迹导致了台球在当下的状态。同样，我们无法对每个分子、原子和原子的电子作标记，并记录它们的运动轨迹，因此只有运用宏观概念，如温度（无数微观粒子的平均值）来表示它们的状态，这称作“宏观不可逆性”。宏观不可逆性使得时间有了方向。

时间倒流

虽然游客仍可在无时刻表的情况下找到回家的方法，同样，摔碎在地上的花瓶，也是有极小的可能性会复原，但这需要拾起所有的碎片，追溯它们的微观轨迹，并将它们粘贴好。虽然这些可能性确实存在，但计算显示，在宇宙诞生以来的历史内，甚至在数百万个这样的周期内，这种“可复原”现象都不太可能发生。当然，如果这种情况真的发生了，我们就可以说——至少对这个花瓶来说——时间倒流了。正如威廉•S. 吉尔伯特在《皮纳福号军舰》中说的：

“什么是不可能？没有不可能！

什么是不可能？当然，从未发生过！”

如果时间的方向是从有序到无序的过程的体现，那么多大的大爆炸才会产生有序的宇宙，而它随后又将逐渐无序，从而产生时间方向？这个问题不简单。它主要讨论的是，“怎么通过对早期宇宙的认识，了解当前的宇宙”。有很多方法可以实现这一目的，本章主要运用第 6 章所学的热力学知识来讨论它。

在前文举的台球的例子中，我们假设台球在初始情况下被聚集在三角框内。但是，在宇宙大爆炸之初，又是谁将宇宙的物质聚集在“三角框内”使其有序呢？

第 6 章提到，麦克斯韦的观点是：气体由粒子组成，它们彼此持续碰撞。

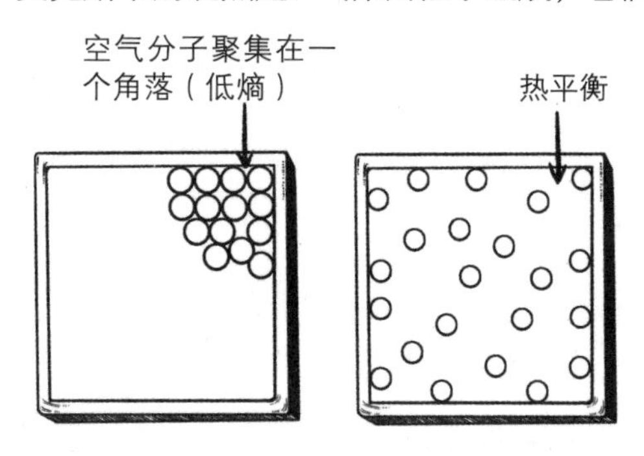

让我们想象一个充满气体的容器，大部分气体粒子被囚禁在容器的某个角落。这看起来是不可能的，因为粒子在容器中总是随意地运动、组合。第 16 章说到，熵衡量的是无序性，越无序，熵越大。换句话说，一个装有聚集粒子的容器，它的熵小于一个装有随意运动粒子的容器。事实上，当粒子完全随机运动时，熵值达到最大，称作“热量平衡”。

现在让我们来考虑宇宙初始状态的熵。因为时间流逝的过程是从低熵到高熵的，所以这时宇宙的熵值应该很低。否则，我们也无法得知时间的方向。但是，为什么宇宙初始状态的熵会是最低的呢？宇宙开始于无序的方式似乎比其开始于有序方式的可能性要多得多，就好像把贺卡打乱的方法比把贺卡整理起来的方法要多。

宇宙的早期状态有太多可能的构型，我们需要找到一种能够模拟它的体系的方法，而不是逐一列出每一种可能。在 20 世纪，美国物理学家——约西亚·吉布斯就想出了一个方法。

相位空间

为了理解相位空间，我们先假设有一个立方体容器，里面仅包含一颗粒子。如图所示，这颗粒子的位置可以通过 x、y、z 轴上的坐标（3，2，4）确定。另外也可以从坐标原点到粒子的位置画一条箭头，来确定粒子的位置，这个箭头叫作“向量”，粒子的向量也可以由坐标（3，2，4）表示。

假设要确定两颗粒子的位置，如图所示，可用两组向量来表示，新的粒子坐标是（3，3，2）。以此类推，就可以确定任意颗粒子的位置，而每个位置都可以用向量来表示。需要注意的是，在三维空间内，一颗粒子的位置坐标用 3 个数字表示，两颗粒子的位置用 6 个数字表示，以此类推。

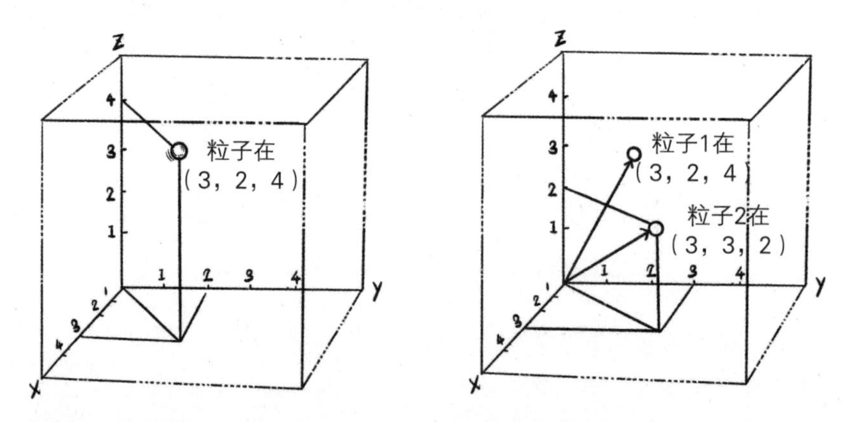

因为人们生活在三维空间中，所以对于六维坐标系空间，我们无法真实看到。但是，可以用数学方法表示。在六维坐标系中，用单个向量来表示两颗粒子的位置，即（3，2，4）和（3，3，2）。如果有 100 颗粒子，它们可以由一个 300 维的向量表示。理论上，只要坐标系的维数足够多，就可以用一个向量表

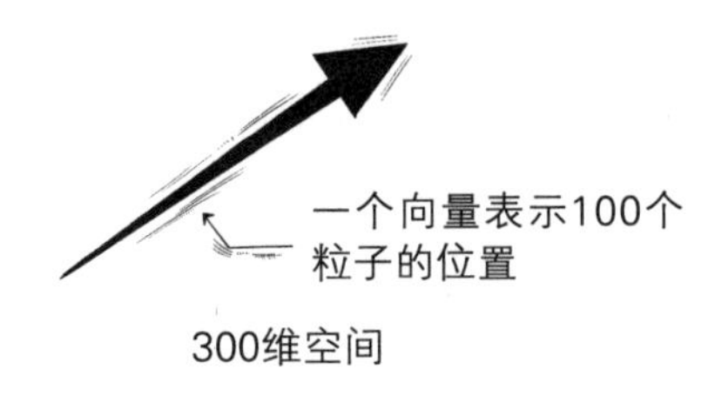

示任意多组粒子的位置。

对这个方法进行扩展，我们可以用三个数字来表示每颗粒子的速度，需要用三个数字的原因是速度与位置一样，也是一个向量。将速度与位置结合，可以用一个向量来表示一定维度（$6\times n$）空间中n个粒子的位置和速度，这个多维空间叫作相位空间。虽然，这个过程看似是一个奇思妙想，但是，从数学的角度来看，它很有价值。接下来，看看这个过程究竟是什么。

回到之前所有粒子囚禁在容器角落的例子，此时的熵最低。从多维空间的角度来看，用一个向量可以表示所有粒子的状态。同样，在熵最大情况下，用一个向量也可以表示所有粒子状态。另外，还可以用向量表示从低熵到热平衡的过程。在这个过程中，向量的路径代表了气体扩散到容器中各个位置时的状态。

下图显示了这个过程。向量开始于相位空间中被标记为“低熵”的部分，此时粒子在相位空间中有序排列。

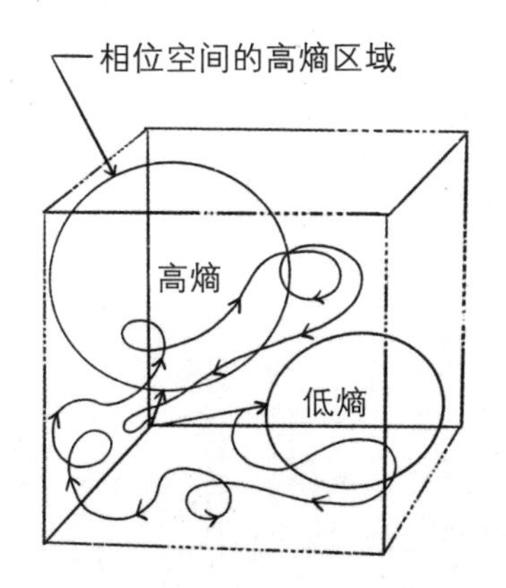

随着气体在容器中扩散，向量也在相位空间中“扩散”，最终到达图中标记为“高熵”的区域。注意，高熵区域的体积比低熵区域的体积大得多，这说明高熵比低熵更常见。

假设盒子体积是1立方米，普通空气在这个体积中大约有10^{25}个分子。假设这些分子被囚禁在盒子的一个角落，占盒子总体积的$\frac{1}{10}$，那么粒子占据的相位空间体积为总相位空间的$\frac{1}{10}\times10^{-25}$。这也说明，即使在某个瞬间，粒子聚集在盒子中某个角落的可能性也很低。如果观察到这样的现象，那么有理由相信这是人为的。

对于相位空间，我们引入一种体积V表述，熵S与其所需体积的对数呈正比，即：

$S=k\times\lg V$，其中k是玻尔兹曼常数。

宇宙的相位空间

以上这些叙述与宇宙中时间有什么关系？答案是用相位空间可以研究大爆炸时宇宙有序的程度，进而研究现在的宇宙。

大爆炸产生的微波辐射给研究这种有序程度提供了一个很好的线索。研究表明，大爆炸时的熵约为现在宇宙中大爆炸残留辐射中的光子数量。

这听起来可能很奇怪，但让我们以一个充满气体的容器为例，容器中空气的熵不仅取决于粒子在容器中的分布，而且与容器中粒子的数量有关。如果容器中只有两颗或者三颗粒子，那么比起相同的装有很多粒子的容器，前者的熵永远要小得多。这是由于比起两三颗粒子的排列可能性，大量粒子的排列方式多很多。因此，熵是粒子排列和其数量共同决定的。

测量表明，大爆炸的辐射由大约10^{88}个光子组成。即使这个数字是错的，它对最终结果的影响也会很小。

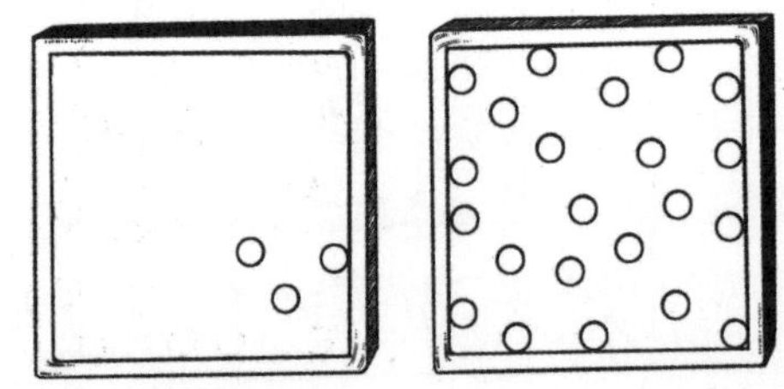

对于相同体积的盒子，粒子越多意味着熵越大

既然已经对大爆炸时的熵有了估计，我们现在还需要估计宇宙现在的熵。

黑洞和熵

在之前游客旅行的例子中，我们已经看到熵和信息是不可兼得的。知道的信息越多，熵就会越低。黑洞是信息最终坍缩的结果。任何物体——书、飞船、星系等，靠近黑洞时会被其引力吸入，然后消失。这时，关于物体的所有信息也就从此消失了。这说明如果黑洞损坏了信息，但是，它同时应产生熵。

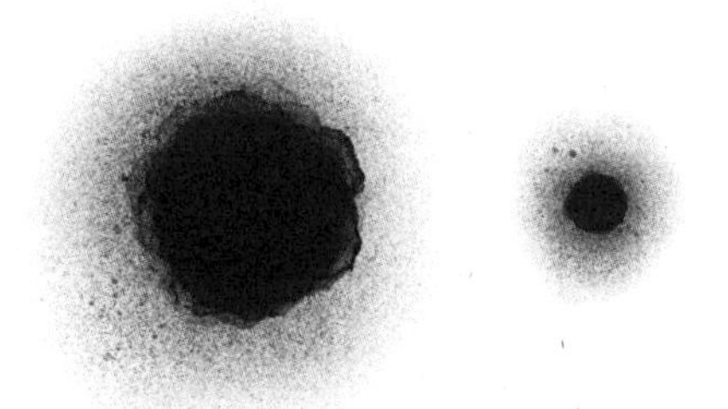

小黑洞的熵小于……大黑洞的熵

分析表明黑洞的熵与其表面积成正比。或者说，某个体积包含的最大信息量取决于这个体积的表面积。按照这个理论，无论是图书馆还是计算机内存，如果要存储越多的信息，需要的空间就越多。这就是估算现在宇宙熵的一个方法。基于天文测量，我们得知现在宇宙的半径大约是 150 亿光年，宇宙的面积正比于这个数的平方。经计算，现在宇宙的熵约为 10^{123}。即使这个结果有误，对实际结论的影响也不大。

现在我们得到了以下信息：第一，大爆炸时宇宙熵的估计值；第二，当前宇宙熵的值。在相位空间中，熵越大，它在相位空间中所占的体积越大。现在我们已知两个熵值，早期宇宙的熵 10^{88} 和现在宇宙的熵 10^{123}。比较显示，宇宙现在的熵是初始时的 10^{35} 倍。把这个数写出来，我们就可以直观看到大爆炸以来熵增加的量：100 000 000 000 000 000 000 000 000 000 000 000 000。

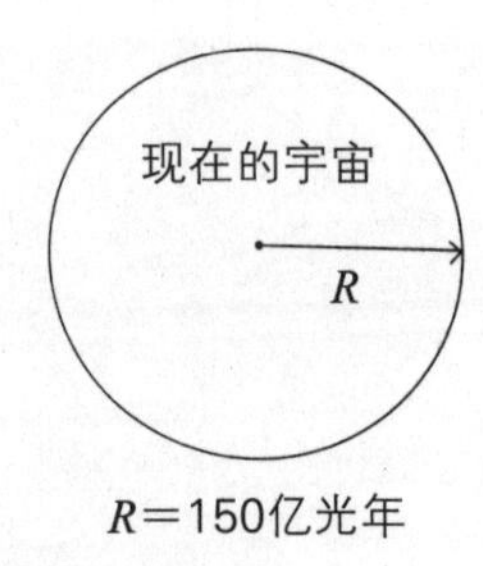

R＝150亿光年

接下来继续计算宇宙初始和现在的相位空间的体积。由于熵正比于体积的对数，因此，宇宙现在的相位空间的体积是 $10^{10^{123}}$，它大于大爆炸时的体积。如果用一个原子对应一个数字的话，恐怕世界上所有的原子也远远不够表示出上面这个数值，因此也就不再展开它。同样，即使这个估计值与真实值差很多倍，这个结果也不妨碍我们了解宇宙的体积，它已超出人类认知范围。

那么，以上的叙述与时间方向有什么关系？如果用相位空间表示整个宇宙，那么大爆炸前的体积只占当前总体积的微小一部分。也就是说，因为宇宙总的相位空间代表所有可能的宇宙初始状态，所以当前宇宙恢复到其初始状态的可能性是 $\frac{1}{10^{10^{123}}}$。

上面这个概率太小，我们希望得到对它的解释，而不仅仅是得到单个值。

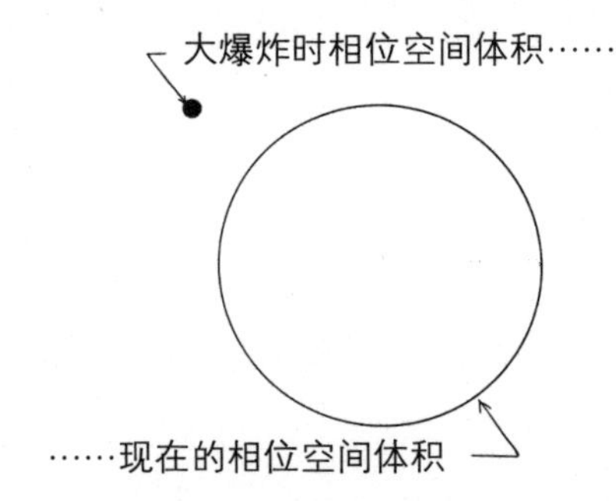

最合理的解释是：人类现在对自然的认知还不够深刻，所以无法解释宇宙初始的状态。迄今为止，人们可以用广义相对论来解释宏观宇宙，用量子力学来解释微观原子。只要这两个世界未重合，量子力学和广义相对论就都可以各自适用于它们的领域。但是，在大爆炸发生的那一刻，宇宙既微观又宏观，它既遵循着量子力学定律，又遵循着广义相对论。我们需要一个将量子力学和相对论相结合的理论来解释这一时期的现象。

爱因斯坦花了30年寻找这个定律。20世纪下半叶开始，很多科学家也加入这个队伍中。人们总相信这个定律是存在的，但在它未出现且被验证之前，一切都只是一种可能。

自由意志难题

本章以一个更具有哲学性的问题来结束，即自由意志。讨论它的原因是，无论自由意志的本质是什么，它总与时间有千丝万缕的联系。

在对宇宙的认知上，牛顿运动定律已作出了杰出的贡献。但是，它也带来了新的问题，特别是在哲学层面。就像多米诺骨牌，牛顿的宇宙观遵循严格的因果关系，即万物皆受限。如果这是真的，那么是否还存在自由意志？由于人类也是宇宙的一部分，那么就像灰尘颗粒和彗星一样，人类的生活是否也遵循着牛顿运动定律？

一种解释是，比起单纯原子和分子的组合，人类是异乎寻常的复杂体。对于人类来说，精神层面的影响远大于物质层面的影响。这似乎是一个充分的解释。但是，如果要在自然法则的范畴内寻找对于自由意志的解释，就会发现，“精神层面”无法成为我们“逃避”自然定律的借口。

上两章提到，时间与宇宙是相互依存的。就像奥古斯丁所说：“宇宙并非在‘某一时刻’诞生，而是与时间共同降临。”时间与宇宙紧密的联系表明，时间有一个起点和方向，但未必有结尾。

在这些要素中，“方向性”对自由意志的重要性尤为关键。时间的方向性意味着我们可以了解过去，但是无法预知未来。不过，对于这个未知的未来，我们有机会实施自由意志。

未来的不确定性包含很多因素。如果坚信牛顿的世界观，那么结论会是自由意志不存在。自由意志是基于如下事实而产生的假想，即未来取决于已知或者一些未知的因素，而受人类智慧的局限，我们至今不能完全得知这些因素。这个情况与抛硬币相似，通常认为硬币落下的结果是随机的。但事实上是因为我们没有足够的信息来计算硬币的旋转速度和它运行的轨迹。如果可得知这些信息，那么理论上就可预测出硬币最终是正面，还是反面的。在牛顿的因果理论中，不确定性是因为缺乏足够的信息。

牛顿认为抛硬币是随机事件

然而，牛顿的因果理论揭示了一个简单的道理，那就是人类应理性对待生活。如果你犯罪，应当受到处罚；如果你系上安全带，开车会更安全；如果你努力工作，你便可能成功。对于极端的决定论者，一则谚语似乎可以概括这个世界的规则，即“种瓜得瓜，种豆得豆”。

直到20世纪的上半叶，科学似乎还在挤占着自由意志的生存空间。但随着放射性元素（如镭和铀）的发现，量子力学理论得到了快速发展，特别是其中海森堡的“测不准原理”指出，宇宙的本质是随机的，在原子层面上，事物是不确定的。

量子力学给哲学家们带来了解释粒子运动规律的新希望。如果未来不由现在决定，那么人类或许可以决定自己的生活。然而，问题是迄今为止，几乎没有证据能揭示量子力学与宏观世界的联系。毕竟，人类生活在宏观世界，微观世界的规则暂时不适合在宏观世界中使用。

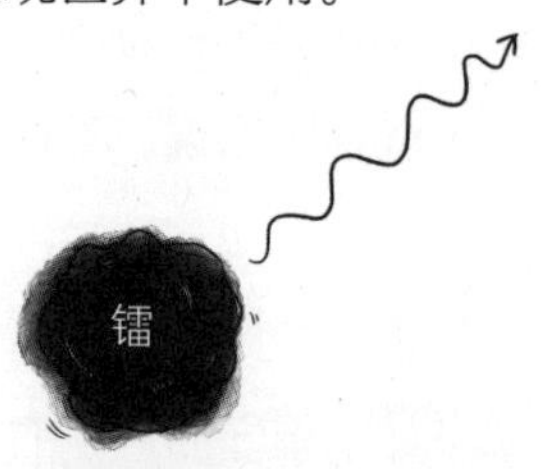

放射性元素随时都在辐射

蝴蝶效应

对于牛顿的因果论，需要区分“自变量”和“因变量”，这又会产生另一个问题。而17世纪著名的数学家布莱兹·帕斯卡曾经提出一个富有哲理的观点，即很多小概率事件通常是突然发生的，并且影响深远。今天的科学家将其称为“蝴蝶效应”：一只蝴蝶在巴西雨林中落地，可能会引起大西洋上的一场飓风。

雨林中一只蝴蝶着陆

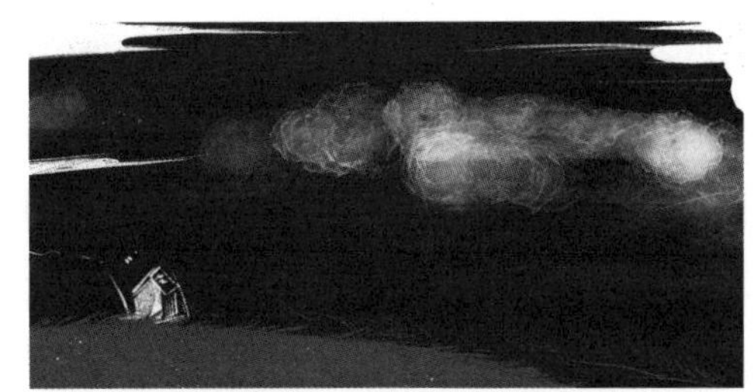

三个月后……大西洋的飓风

这是怎么回事呢？这其实依然源自牛顿的宇宙观。第15章提到，初始条件的改变会影响随后事件的发生，比如台球的初始条件会决定它未来的路径。只是对成百上千颗台球来说，目前我们还未找到预测其轨迹的算法。

在第15章中，对台球轨迹的计算是基于一些理想情况——假设桌子是平滑的，台球是理想球体等。但是，如果要在现实情况下做一个长期的预测，以上的这些假设条件都是不能忽视的。之前我们还忽略了台球间的引力作用，尽管台球间的引力非常小，但由它也能引出一系列新的问题，这些问题一直困扰着牛顿。

基于万有引力和运动定律，牛顿开始研究行星绕太阳公转的椭圆轨道。他着眼于当时的一个难题，即月球绕地球的运动轨迹。由于月球的轨道并不规则，牛顿怀疑这是由于地球、月球和太阳之间的相互作用引起的，即“三体问题”。牛顿用了很多数学方法，尝试解决这个问题。现在大家已经知道，牛顿的努力是徒劳的。虽然二体运动问题可以用牛顿运动定律来解决，但三体或多体问题比它要复杂得多。正常情况下，运动的三体或多体相互作用，会导致运动公式失效，从而无法实行可靠的、长期的天体运动预测。

以上三体或多体运动属于一个新的领域，这个新的领域叫作混沌学。混沌运动的主要特点是，初始条件的改变导致截然不同的结果。例如，如果台球的初始方向改变，这看似很小的改变就会导致随后其运动轨道的长期不可预测性。

为了确定台球的轨道，首先还需要知道台球运动的方向与速度，这些信息只能通过测量得到，而测量通常伴随着误差。误差可能很小，比如百分之一、百万分之一或者十亿分之一，但总是存在，并且这些误差可能会影响对未来台球轨迹的精确预测，所谓“失之毫厘，谬以千里”。因此，信息匮乏和测量偏差使得对未来的预测变得困难重重。

天气预报是这种混沌运动的另一个例子。我们无法对热量、湿度、风速等物理量进行无误差的测量，因此对天气的预测通常都有局限性，即使有强大的计算机数据处理作为辅助，一般也不适用于数月之久的预测。

由混沌产生的不确定性与由“测不准原理”产生的不确定性之间存在着本质的差异。前者的不确定性遵循牛顿运动定律，后者的不确定性却不受牛顿运动定律的约束。

计算未来

在讨论了确定性和可预测性的区别之后，最后一个概念是可计算性。

20 世纪早期的数学家大卫·希尔伯特相信量子力学的本质是不确定性，而数学的本质却是确定性。数学建立在纯逻辑基础上，正所谓数学是在“顺藤摸瓜”。比如知道小张比小王高，小王比小李高，那么就能推断小张比小李高。

这种逻辑是成立的，而且是普适的。如果科学最重要的帮手——数学，也成为被怀疑的对象，那么科学本身该何去何从？

希尔伯特坚信数学是确定的，同时他希望可以证明这个观点。因为他是当时最优秀的数学家之一，所以很少有人质疑这个观点。

20 世纪 30 年代，希尔伯特的追随者之一——年轻的数学家库尔特·哥德尔试图验证这个假说。但是，哥德尔却发现，希尔伯特的观点是错误的。

哥德尔的结论是经过一系列的推理得出的。现在要理解这个结论不是一件难事。在各数学系统中，存在一些复杂的公理，其中有些公理却不能在其自身系统中得到证明。这不仅为数学的严密性留下了悬念，还是一个巨大的漏洞。

举个例子，一个孩子所认识的词汇仅仅有几百个，这个词汇量足够问出有难度的问题，但是可能不足以给出答案。哥德尔发现，数学也是这样。数学家们提出很多数学难题，但是，能够得到解答的难题少之又少。

那么，为什么不用更丰富的词汇来描述数学问题？假设增添了更多的词汇，或许将出现更难的问题。而到那时已有的词汇系统又不足以解答这些问题，这是一个无止境的过程。

回到台球的例子，我们已经知道预测台球的轨迹几乎是不可能的事情。现在我们又发现，如果改变桌子的形状，即改变边界条件，可能会导致台球的路径不可计算。

要强调的是，不可预测和不可计算是两个不同的概念。不可预测源于台球的混沌运动；而不可计算是指在特定的桌子形状下，计算机无法确定台球的运动路径，计算机能做的是不断地计算，但给不出答案。这不是说台球没有路径，而是说即使用高速的计算机也无法确定其路径。正如某些数学公理即使是对的，人们也无从证明一样。

对于物理学界来说，这是一个坏消息，因为这种不可计算性可能正是宇宙的本质，这意味着宇宙中的某些现象即使确实存在，也无法被计算证明。

也许，自由意志也是一种类似的存在，它具有确定性，但不可预测，也不可计算。

大脑问题

与自由意志有关的另一个问题涉及我们的思维，它要求我们反思自己的思维过程，随之而来的问题是：“人类有限的大脑，是否可以自知？”

也许用诺贝尔文学奖得主艾萨克·巴什维斯·辛格的话作为本章的结尾比较合适：“我们需要相信意识的自由，因为我们别无选择。”

20 时间和伺服系统

自动化是现代工业社会的基础。由于自动化机械与分步生产相关，而每一步的操作都与时间控制相联系，因此计时技术的发展成为自动化的驱动力。

举个例子，自动洗衣机都有计时装置。时间控制着洗衣的不同阶段。计时器设定一个命令，比如注水 2 分钟，洗涤、漂洗、下水、重复操作 8 分钟，烘干 4 分钟。同理，大多机械的运行都受时间的控制。除非受到外界干扰，否则一旦按下“开始”键，计时器便开始自动控制整个运行过程。

开环系统

像自动洗衣或者洗碗机这样的控制系统，叫作开环系统。其主要特点是：一旦程序开始，就会自动按照预先设定的模式，以一定的速率运行。自动售货机、音乐播放器和自动演奏钢琴等设备都使用开环系统。这类系统由钟表控制着整个运行过程，在无外部干扰情况下，它们会“忘我”地工作下去，直至达到结束条件。

闭环系统

另一类重要的控制系统叫作闭环系统，它应用于伺服系统中。例如，由恒温器控制的暖气。当屋子的温度降到先前设定的温度以下，温度调节器会产生一个伺服信号，控制暖气开始工作；当屋子的温度升到预先设定的值时，温度调节器控制暖气关闭。伴随着伺服机制，这个系统承担着保持屋子温度恒定的任务。第 2 章和第 5 章提到的原子钟就是带有伺服机制、可以自我调节的系统。

时间和频率技术应用于伺服系统的许多方面。例如，追踪飞机航道的雷达系统。在第二次世界大战期间，雷达追踪系统得到了很大的发展，它是侦察敌机的有效手段。现在，追踪雷达系统的应用更广泛，如追踪风暴、民用导航和监测候鸟迁徙等。

雷达追踪系统的运行原理很简单。雷达天线发射雷达脉冲，如果无线电脉冲碰到飞机，它便反射到雷达天线上。这时，先前的发射天线转而负责接收信号。这个反射信号（雷达回波）使雷达系统“探测”到一架飞机的出现。如果反射信号的强度随时间增加，就表明飞机向雷达波束中心飞来；如果反射号强度随时间减弱，就表明飞机离开雷达波束中心。

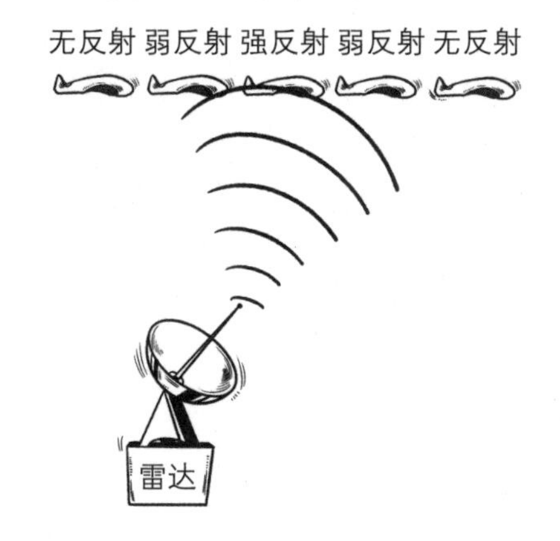

在雷达追踪的过程中，反射信号强度随时间改变的信息被传到一台仪器（如计算机）上，仪器再对反射信号进行辨识并决定是否将雷达天线对准飞机。这个原理听起来很简单，但实践中存在很多问题。

响应时间

在实践中，雷达天线无法立刻对飞机飞行的方向作出反应。原因如下：第一，天线质量使其具有惯性，不能零时延地向目标物移动；第二，分析雷达反射信号需要时间；第三，无线电信号往返过程本身存在延迟。

由于以上原因，反馈系统对系统响应时间要求很高。人类的响应时间约为0.3 秒；恐龙情况更糟，一只 30 米长的恐龙，对其尾巴附近的危险产生反应的时间为 1 秒。

如果系统响应时间太长，那么可能在天线采取搜索行动之前，飞机已经飞离雷达束之外，这样即使最有用的信息也会失去用武之地。

系统的放大率或增益

对飞机的准确跟踪是两个因素相互作用的结果，除了刚才提到的响应时间，还有伺服系统的放大率或增益。

以用望远镜追踪飞机为例，在较低放大率（低增益）的望远镜下，飞机仅仅占据望远镜覆盖视野的一小部分。如果飞机突然转弯，我们可以很容易地在它消失之前找到它。

而若用高增益望远镜，飞机将占据视野中的大部分，甚至仅能看见飞机的一部分，比如机翼。高增益的优点是可以观察到机翼上的细节。但是，当飞机转向时，我们可能就无法及时发现并追踪它。

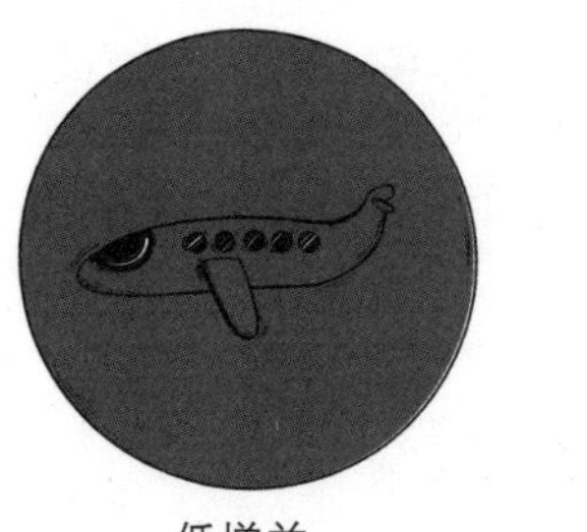

低增益

高增益

根据以上例子，我们得出一个结论，即如果想要用高增益望远镜成功追踪一架飞机，必须要反应迅速，也就是说，响应时间必须短。如果用低倍望远镜，响应时间就不需要很短。从追踪的角度看，高倍望远镜的优点是能够更细致地观察飞机。而对于低倍望远镜，飞机可以始终在视野中，但也就意味着我们无法观察飞机的细节。

望远镜的这些特点与雷达追踪天线类似。无线电信号以波束的形式从天线发射。根据天线的结构，就像一道闪电光束可能宽可能窄一样，波束可宽也可窄。对于窄波束，所有无线电能量被聚集起来，并且以几乎相同的方向传播。

如果波束射中物体，比如飞机表面的金属，那么雷达天线会接收到强烈的反射信号。而在飞机附近没有被波束笼罩的物体，就不会产生任何反射。

宽带波束雷达则正相反，它的能量较为分散，因此雷达天线只获得微弱的反射信号。但是，信号可以覆盖的范围则大大增加。

窄带波束雷达就像高倍望远镜，它提供了小范围的信息；宽带波束雷达则对应低增倍望远镜，因为它只能提供大范围的信息。使用窄带波束雷达的追踪系统必须具有快速响应的能力，来对飞机方向的改变做出反应。否则，飞机会飞离追踪光束，导致无法追踪。而用宽带波束雷达，相对就有较为充裕的时间来调整天线，以适应飞机的转向。

显然，窄波束、高增益追踪天线可以更好地完成追踪飞机路径的任务。但是，系统的响应时间必须足够短，以适应飞机方向的改变。否则，飞机可能会消失在雷达的视野中。

信号识别

雷达追踪系统遇到的另外一个难题是：不是所有到达雷达天线的信号都来自飞机的反射信号，它们当中有一些可能是闪电带来的“噪声”，也可能是从其他飞机或云层来的反射。这些“多余”的信号会干扰跟踪系统。如果天线需要准确地追踪飞机，它必须具有只选择所需要的反射信号而过滤其他干扰信号的能力。

基于数学方法的时间和频率技术可以解决这个问题。数学方法可辨别信号的成分，“看到”信号的内部构造。这种方法对分解包含噪声的反射信号非常重要。

傅里叶的“工具”

提出这个方法的人是 19 世纪早期的数学家让•巴普蒂斯•约瑟夫•傅里叶。傅里叶方法的原理是：任意形状的信号都可以分解成很多简单的正弦波。本书之前的章节已经多次提及正弦波，但是并没有定义它。正弦波与振动有着非常紧密的联系。例如，在纸上画出单摆的振动随时间变化的图形，就能得到正弦波。

单摆形成的这个正弦波有两个重要特征。第一，它的摆动距离由纵轴的长度表示。第二，它的图像周期性重复。每秒的周期数便是正弦波的频率，而一个周期的持续时间(单位：秒)是正弦波的周期。假如每秒有10个周期，那么这个正弦波的频率就是10赫兹，即周期是0.1秒。对于一系列正弦波，可分为频率相同但幅度不同，频率不同但幅度相同，频率和幅度都不相同等几种情况。

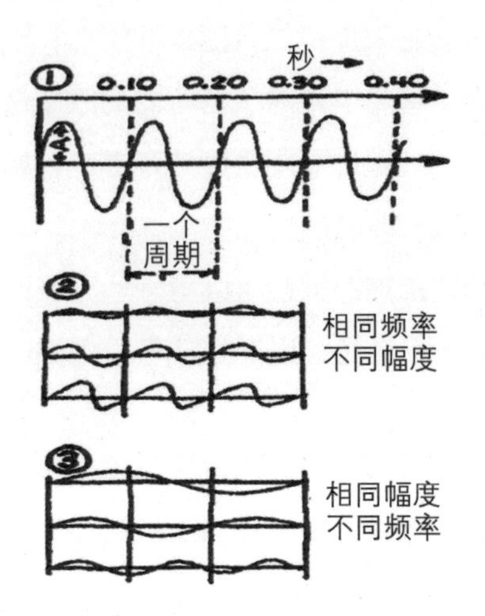

傅里叶发现，用不同幅度和频率组成的正弦波，几乎可以产生任何形状的信号。正弦波可以看作产生各种信号的基本工具，下面介绍它的原理。

假设我们现在要建立一个如下图所示的方形波信号。因为方波的每个周期形状相同，因此只考虑一个周期的方波，其余周期就是简单地重复。下图显示了方波的一个周期，其中正弦波A与方波近似，如果仅能用一个正弦波来构造方波，A就是最佳的选择。

某种意义上，正弦波就像一位雕塑家，能将一块粗糙的大理石雕刻成一尊雕塑。进一步添加更多频率的正弦波，相当于对雕塑的细节完善，从而更逼近

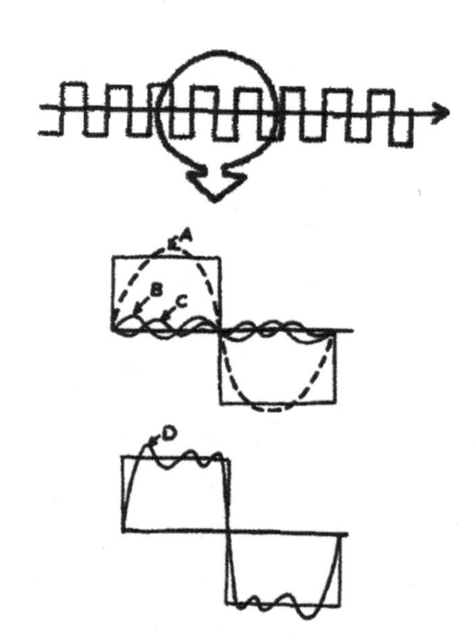

方波的形状。通过在正弦波A上添加正弦波B和C，我们得到了信号D，它更近似一个方波。增加正弦波分量的过程，与海浪的彼此叠加相似，合并的海浪组成一个新的海浪，其特性取决于组成它的各个不同海浪的特性。

除正弦波B和C外，我们还可以添加更多频率的正弦波到正弦波A上，这样可以得到一个更近似的方波。运用傅里叶的方法可以得到任意需要的波形。这个方法的重点是：如果我们所需要的信号非常短，比如一毫秒的能量脉冲，那么可以用很多宽频正弦波来构造；另一方面，如果信号很长，且其形状不会改变，那么可以用少量频率范围较窄的正弦波来构造。

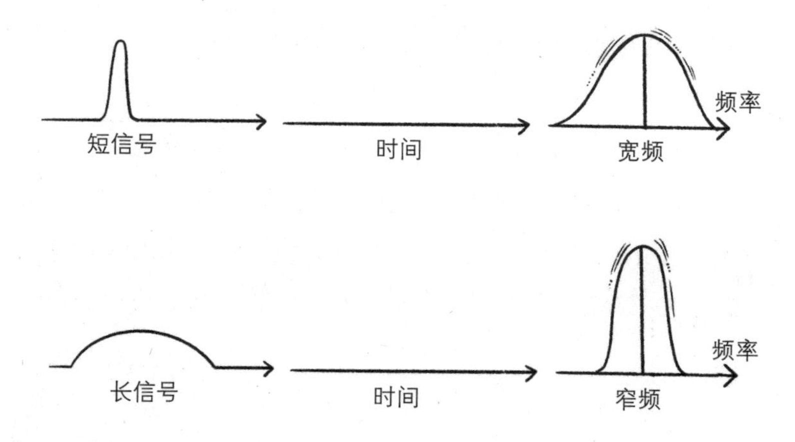

脉冲的长度就是本书第 4 章提到的衰减时间。衰减时间对应的是共振曲线一半能量点的频率宽度。由于摩擦力的存在，对于长衰减时间的单摆，我们只有以接近其固有频率的推力推动，才会使其摆动。同理，从数学的角度来看，一个持续很长时间（即拥有较长衰减时间）的雷达信号由一系列窄带正弦波构成；而对应短衰减时间的单摆，一个持续时间较短的无线电脉冲由一系列宽带正弦波构成。

搜索信号

现在，让我们用傅里叶的方法来解决带噪声的弱雷达反射信号的问题。这个问题与制作捕鼠笼的原理相似，老鼠相当于雷达的反射信号，笼子相当于雷达接收机。这里最重要的是：笼子的门必须只允许老鼠进入，而猫、狗等其他动物被排除在外。同理，对于雷达接收机，它的接收范围最好只对应需要接收的信号的频率范围。如果可接收的频率范围太宽，它就会放进“猫”和“狗”，导致所接收的信号信噪比降低，信息被噪声干扰。

傅里叶的方法给出了一种建立雷达接收机的方案，它不仅把“猫”和“狗”挡在外面，还能把其他类型的“老鼠”也拒之门外。傅里叶指出了分离不同形状信号的方法，即使这些信号可能由相同频率范围的不同带宽正弦波构成。

在这个过程中，信号的长度决定了需要构造的正弦波的频率范围，在这个频率范围内，通过添加不同频率、幅度和相位的简单正弦波，可以构造任意信号。

我们用雷达接收机系统接收所需要频率的信号，同时对所收到的信号进行处理，对其相位、振幅作进一步的分析，从而得到真正需要的那部分信息。

除此之外，另一种分离信号的方法是信号的“相关性分析”。雷达接收机有一定的“记忆”能力，将它需要寻找的信号的形状存入“记忆”中。它只“接收”与它记忆相似的图形信号，同时“拒绝”不相似的信号。

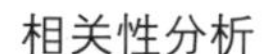

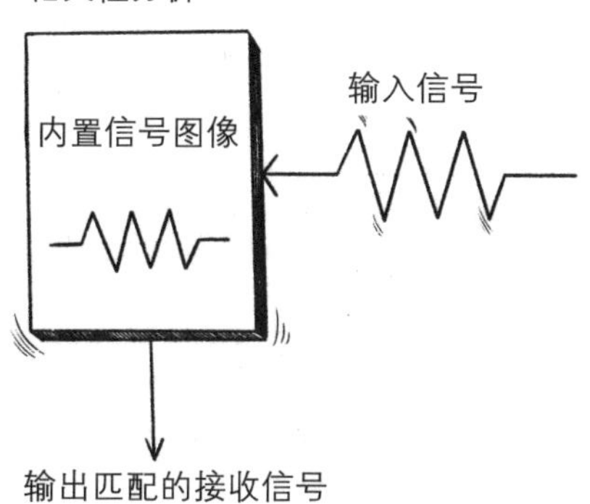

在大多数情况下，带有适当程序的计算机可以代替电子处理电路。这样做的好处是改变程序，就可以接收不同形状的信号，从而省去修改电路的工作。

选择一个控制系统

前文已经介绍了两种控制系统：开环系统，它不受外界影响，按确定程序执行；闭环系统，它会对外界条件作出反应。可以看出，两种系统都与时间和频率有关，只是其运行原理截然不同。

那么，开环系统与闭环系统分别用于哪些领域？这与我们想要控制的机械化过程有着密切的关系。例如，洗衣服的过程是很简单而且可以预见的：首先将衣服放入洗衣机，加入洗衣剂和水，然后搅动衣服，最后烘干。这就是一个典型的开环控制系统。

有些过程对外界的反应非常敏感，并且无法预测。比如每天开车往返于家和办公室间，如果无外在干扰因素，这是个可以预测的简单过程。但事实不一定这样，如果在汽车行驶过程中，突然有辆车从面前横穿而过，这时我们就需要闭环系统作出反应，马上刹车，从而避免撞车。

闭环系统和开环系统相比复杂性更高，相应的成本也更高。但如果需要对无法预料情况做出反应，原则上一般选择闭环系统。通常在达到目的前提下，系统内部的所有技术因素考量需和成本达到平衡。每个系统有其优势和局限性，这都取决于它们对时间和频率信息技术的要求。

21 时间信息

科学技术往往寻求的是一些细节问题：什么时候产生？持续了多久？发生的事件之间是否有因果关系？在哪里发生？从相对论角度来看，“何时”“何地”这样的问题并没有标准答案；特别是当物体运动的速度接近光速时，空间和时间的区别更加模糊。不过在这里，我们假设物体运动速度远低于光速，因此可用牛顿运动定律来区分空间和时间。

三种时间信息

事件发生的时间用“日期”表示；事件发生的时长用“时间间隔”表示；不同事件的时间对比用“同步”表示。

在科学界，如果试图将长时间间隔的事件联系起来，日期的概念尤为重要。比如我们可能收集了某一地点的温度、压力、风速和风向等资料，等到要预报天气，就可以根据日期将这些信息整理出来，寻找天气变化规律，然后进

行预报。没有日期和时间，整理这些信息将会变得非常麻烦，甚至会使这些信息失去用武之地。

另一方面，我们常常需要知道一个事件的发生是不是同时伴随着另一个事件，或是由另一个事件引起的。例如，当驾车通过钢铁结构的立交桥时，车载收音机信号变弱，这体现出某种因果关系，但与“日期”关系不大。虽然信号衰减和通过钢铁建筑同时发生，但是在 1 月 9 日早上 8：20 和 4 月 24 日晚上 6：30 的效果可能是一样的。

综上所述，时间包含三个因素——日期、同步和时间间隔。其中，时间间隔是包含信息最少的量，它通常被用来控制一个事件。例如，烘焙面包需要 45 分钟，而早、晚烘焙的效果一样。

为了更好地说明这三种时间信息的关系，我们以煮鸡蛋为例。假设无线电台一分钟发出一次“嘀嗒”声，煮鸡蛋需要三分钟，这个广播就足够用了。听到第一次“嘀嗒”时，将鸡蛋放入水中，再经过三次“嘀嗒”就可以把它取出，这就是时间间隔的应用。

如果隔壁邻居想和我们同时煮三分钟鸡蛋，他也可以通过无线电广播的信号确定煮鸡蛋所需的三分钟时间间隔。但是他无法确定何时才能与我们一起开始。因此，他需要更多的信息，比如事先约定我们煮鸡蛋的时候打开厨房灯，那么我们开灯就是他与我们同时煮鸡蛋所需的额外信息。

然而，这个方法并不实用。如果出于某些原因，镇子里面的每个人都想和我们同时煮鸡蛋。这时使用一个公告来通知村民是最好的方法，比如在某一个嘀嗒声前插播一条语音，提醒大家准备把鸡蛋放到水中。

通过添加更多的信息可以解决同步问题，但是这个办法不是最有效的，因为这需要村子中每家都有收音机，并且收音机需要调到相应的电台，等候广播中传出“把你们的鸡蛋放到水中”的提示信号。一种更好的方法是提前通知村民在 1997 年 2 月 13 日早上 9 点整将每家的鸡蛋放到水中。这条通知的内容就已经包含了日期、时间间隔和同步等所有信息。由此可见，当我们将时间间隔这样一种局限性的概念推广到日期时，必须提供更多的信息。

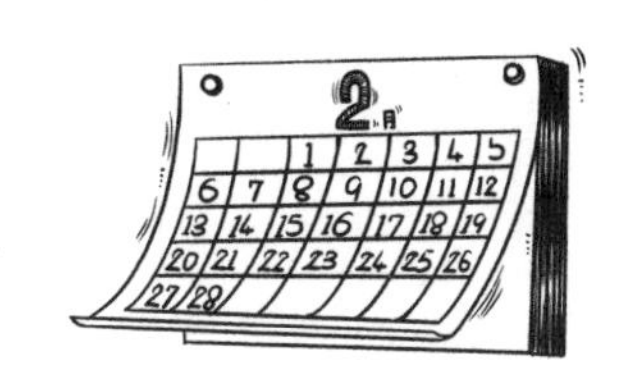

时间信息——短和长

提到时间信息，人们通常首先联想到手表或时钟，如果计时小于半小时，也可以使用秒表。

如果需要更精确的测量，还可以使用电子计数器。但是，对于常规的测量，有些时间信息要么太长，要么太短。在“时间和天文”一章的讨论中，我们将天文观测和理论相结合，推测了宇宙的年龄。显然，没有钟表能够直接测量宇宙年龄这么长的时间。

此外，有些时间间隔却太短，也不能用钟表或电子计数器测量。例如，有一种名叫介子的粒子，在它变成其他粒子之前，只有十亿分之一秒的寿命。

现有的钟表不能测量这么短的时间间隔，那怎样才能得到这些时间间隔呢？一种方法是从另一些可测量的时间间隔中推测出来，这些粒子的传播速度接近光速，约为 1 纳秒（10^{-9} 秒）运动 30 厘米，当这样的粒子穿过类似电影胶片一样的材料（乳胶）时，它们会在其中留下痕迹。通过测量这个痕迹的长度，我们可以估算出粒子的寿命。我们在实验中测量到的轨迹长度是五百万分之一厘米，根据这一测量结果可以推测这种粒子的寿命小于 10^{-15} 秒。但是，必须重申的是，目前还没有能直接的测量如此小的时间间隔的方法，我们只能靠推测。

轨迹长度是一种粒子寿命测量方法

可以想象，还存在更短的时间间隔，比如光信号穿过氢原子核的时间大约为 10^{-24} 秒，甚至我们可以想象一个 10^{-1000} 秒这样更短的时间间隔。但因为没有方法可以直接或者间接测量这样短的时间，所以我们也无从得到关于它们的直观概念。超出测量能力的时间间隔，对于人类的意义通常是未知的。

早在古希腊时期，哲学家和科学家就开始争论时间是连续的，还是像钟表上的秒针一样是跳变的。有些科学家认为时间是连续的，可以将时间分成任意小的间隔。只要人类足够聪明，就可以制作出一台分割时间的机器。但是，至今没有足够的证据来验证这个观点。

地理时间

目前我们已经推测出宇宙的大致年龄。接下来我们讨论一项已经用了很长时间的技术，它为科学家了解地球和生物的演化过程提供了大量信息。我们已经将时间计量与某些现象的发生频率联系起来，由此可知，如果要测量很久以前的事物，可以利用出现频率较低的现象，在测量结束之前，这些事物尚未损失殆尽。

放射性碳-14能够完成这项工作。碳-14的半衰期约5000年，这意味着，如果能得到一堆纯碳-14，在5000年后观察它，会发现总量的一半仍具有放射性，另一半衰变成为普通的碳-12。再过5000年，先前具有放射性的一半又有一半发生衰变，变为普通碳-12。换句话说，10000年后，会留下四分之一的放射性碳和四分之三的普通碳。

由此可以得到一个稳定的过程：每隔5000年，会有一半放射性碳-14衰变成普通碳。放射性碳-14是宇宙射线撞击地球大气层产生的。这些碳-14通过光合作用被植物吸收，然后植物被动物吃掉，最终留在有机生物体内。当有机生物死后，没有更多的碳-14摄入，而残留在体内的碳-14以半衰期5000年衰变，通过测量化石中放射性碳-14的量，就有可能测量出有机物（植物或动物）从死亡到当前所经历的时间。

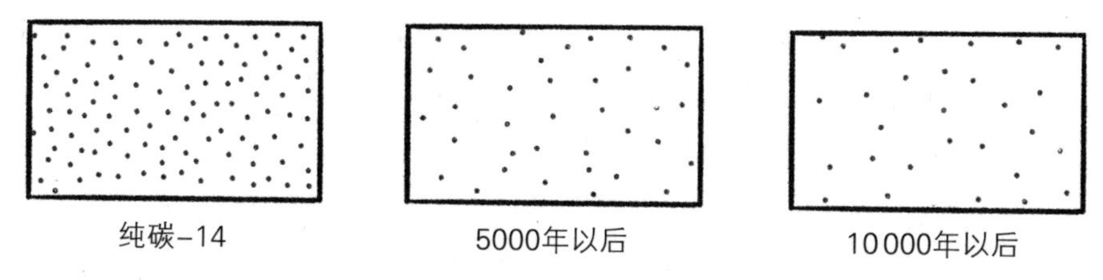

不同物质有不同的半衰期。例如，某种铀的半衰期是10^9年，这种铀不会衰变成非放射性铀，而是衰变成为铅。通过比较某岩石中铀和铅的比例，科学家推测出某些岩石的年龄约为50亿年。

在过去的几十年中，激光定年技术颠覆了放射性碳定年法。下面介绍一种用钾–氩定年的技术。

放射性钾衰变形成氩的同位素氩-40。利用钾–氩定年法追溯物质年代的过程就是测量样本中放射性钾和氩-40相对含量的过程。常规方法是把样本划分为两部分，确定一部分中钾的含量和另一部分中氩的含量。但这个过程产生了两个问题。

第一，无法确定两部分中钾衰变成氩的比率是否相同。第二，确定钾（固体）含量的技术，与确定另一部分中氩（气体）含量的技术不同。为了解决这两个问题，我们需要一项可以同时用于钾和氩含量检测的技术。

因此，科学家发明了一种测量技术：首先，用中子撞击样本，使钾变成氩-39，然后确定样本中氩-39和氩-40的比率，由于它们都是气体，测量可以在同一份样本上完成。

现在，用激光加热一小部分样本，使得其中氩和氩的同位素一起蒸发。因为无论蒸发出多少气体，两种同位素占有的比重都会保持不变。因此，这一步不需要蒸发出样品中的所有氩。

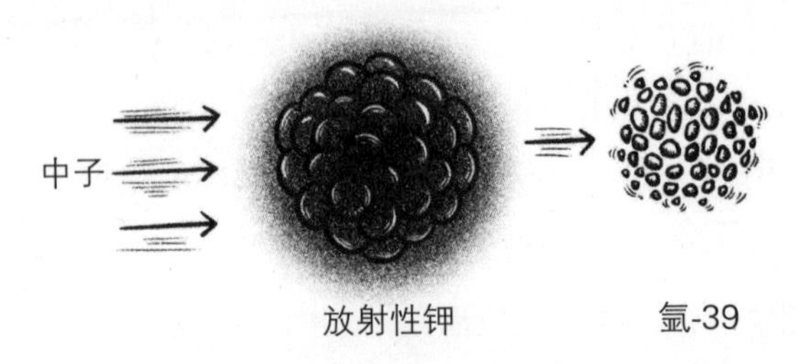

这项技术的优势是可以用来测定像月球岩石这样的稀有材料的年龄。事实上，这项技术已经应用在月球岩石研究中。测算所得的月岩年龄约为 44 亿年，这接近于地球上发现的最古老岩石的年龄，这也说明地球和月球几乎形成于同一时期。

时间和位置信息的传递

科学家通常感兴趣的是事件发生的时间和地点。对于天气预报，得到天气数据所属地信息与得到天气数据发生的时间同等重要。描述大气层运动既需要位置信息，也需要时间信息。两种信息中任何一个有微小的偏差都会影响天气预报的质量。

举个例子，假设我们在早上 8 点观测到有一个飓风以 100 千米/时的速度向北方移动，并且这个飓风刚刚经过一艘距离路易斯安那海岸 200 千米处的轮船。若飓风移动的方向和速度不变，它应该在两小时后的早上 10 点到达新奥尔良海岸。但是，这个预警信号会受两个因素影响：观测者的钟表的准确度以及导航仪显示的轮船位置的准确度。轮船的位置实际情况下有可能更接近海岸，或者更远离海岸。任意一种情况的误差，都会导致对飓风到达新奥尔良的时间的预测出错，进而使当地居民措手不及，他们最终也无从得知是哪一个因素使预报出错。

当然，还有其他可能因素导致错误预报，如飓风的方向或速度可能发生改变。但以上例子足够说明，时间或位置的偏差会导致错误预报。这里提到的因

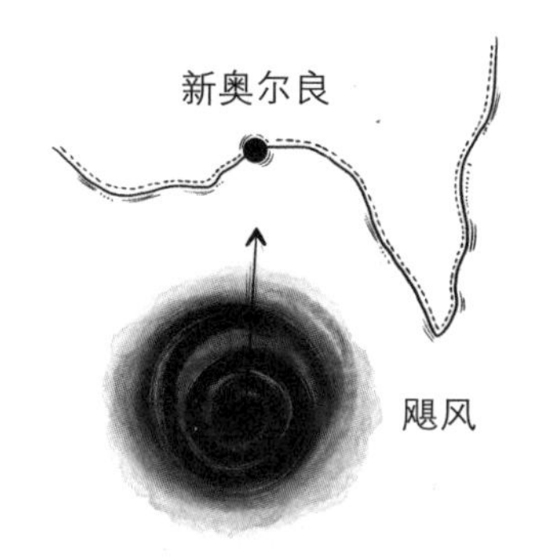

素也存在于任何与位置和时间相关的事件中。至此，我们得到了另一类与爱因斯坦的描述不同的时空关系。

时间信息

在人们认识宇宙的过程中，信息的存储和传递技术起到了至关重要的作用。在原始社会，信息由每代人口耳相传，或通过纪念、庆典等方式传给下一代。随着人类文明的发展，信息被记录在书本、光盘、磁盘或胶片上，还可以通过无线电，在电视或广播等通信系统中得到传播。

时间是信息的一种形式。但由于其动态性，时间信息是易逝的。它不会停止，无法储藏，只能用动态装置呈现，我们把这个装置叫作钟表。钟表有优劣之分，最好的原子钟一千万年的误差不超过一秒，而某些普通钟表在一天内都可能会产生几分钟的误差，甚至若干年后便停止运行。

任何钟表“记忆”时间的功能都会随时间减弱，但是减弱的速率与钟表的质量有关。无线电广播的时间信息可用于校正钟表，高速通信系统使系统内不同钟表的时间保持同步，从而使信息不会丢失或被篡改。通信系统自身通常也具有保持钟表时间同步的能力。为保持钟表同步的时间传递，本质上就是一种信息传递。因此，如果通信系统中存在精度较差的钟表，那么系统中的一部分信息容量就必须用于这个钟表的时间同步。

时间和频率信息的质量

迄今为止，没有任何物理量的测量能比频率测量更准确。时间间隔是钟表内部谐振器振动周期的总和，它可以实现非常准确的测量。所有基本物理量中，由于频率和时间的测量准确度最高，因此与频率和时间相关的任何测量也会有很高的准确度。比如，在导航系统中，时间测量结果可以转换成距离。如今，人们试图将其他物理量，如长度、速度、温度、磁场和电压，转化成与时间或频率相关的量进行测量。例如，在一种仪器中，频率通过“约瑟夫森效应”与电压产生联系。1973 年，布赖恩·约瑟夫森在英国牛津大学学习期间，发现了这个关系，因此获得了诺贝尔物理学奖。这种叫作“约瑟夫森结”的装置可以在非常低的温度下运行，将微波频率转化成电压，因为频率测量的准确度非常高，由约瑟夫森结产生的电压的测量精度也会很高。

在下一章中，我们将详细介绍一些标准的频率测量方法。

到现在为止，本书所介绍的只是科学与技术、科学与时间关系的一小部分。事实上，科学、技术和时间的联系已经非常紧密，有时甚至无法区分三者之间的因果关系。但不可否认，科学、技术和计时的发展已经对人类的生活做出了杰出的贡献。

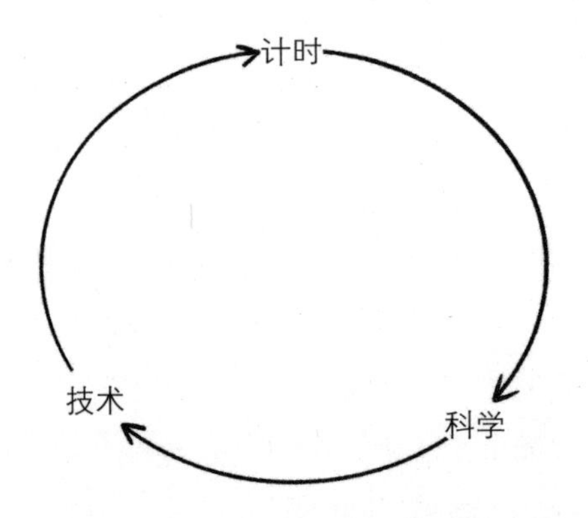

22 米和秒的关系

一位物理老师在一堂课上，提出了以下问题：如果有一个卷尺、一块秒表和一台体重计，你怎样测量一口水井的深度？所有学生只给出一个答案：用卷尺来测量。

老师提出这个问题当然有其深意。这三种工具（卷尺、秒表和体重计），分别代表三个最基本的物理量（长度、时间和质量）。老师希望的是，学生从中掌握长度、时间和质量这些基本概念的关系，并学会利用它们来了解身边的世界。

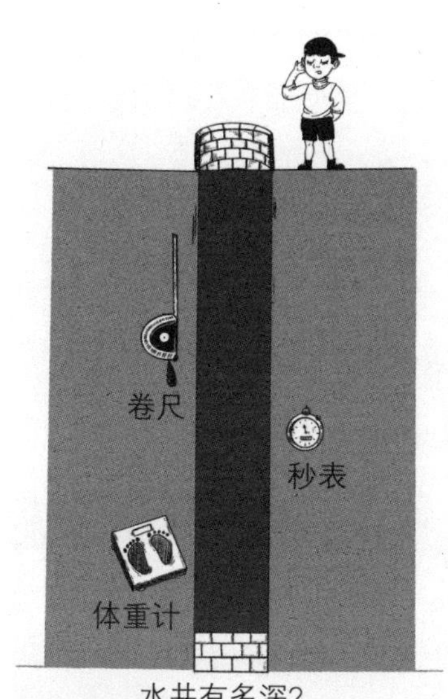

水井有多深?

然而，哪怕仅仅关注问题本身，答案也并非这么简单。我们已经由广义相对论得知，长度、质量和时间存在着内在的联系。事实上，“条条大路通罗马”，对于测量井深，我们也可以用秒表测量体重计落到井底所用的时间，然后，根据自由落体公式算出井深。

也许一些人对这个方法不以为然。不过随着探讨的深入，我们会发现用秒表和体重计的组合测量下落时间从而得出井深，可能是在这个问题中精度最高的方法。

在本章的余下部分，我们会探讨这些问题：如何测量？是否能选择最合适的测量单位？测量单位和自然常量之间有什么关系？

测量和单位

测量单位的产生和发展经历了漫长的演变，而且存在很多不确定性。比如一英寸曾经被定义为36颗大麦粒首尾相连的长度，而一英亩曾经等于两头牛一天内耕地的面积。

长度、质量和时间通常被称为基本物理量，因为好像它们无法再被分解为其他更基本的量。然而，随着认识的深入，我们还是有不止一种方法测量它们。

假设在某个宇宙中，所有火车匀速行驶，速度都是60千米/时（这里不考虑到站停车的情况）。那么，如果用距离（长度）L作为基本单位，时间T就可以表述为：将生鸡蛋放在沸水中煮3千米；将食物在烤箱中加热25千米；一年是525 600千米。

这些表述的真实意思是：火车行驶3千米所用的时间就能将生鸡蛋在沸水中煮熟；火车行驶25千米的时间能把食物在烤箱中烤熟；一年就是火车行驶525 600千米所用的时间。虽然这些表述听起来很奇怪，但还是可以理解。比如我们常说“20分钟进城”“2个小时去海边”等，这些说法也都是基于一个大家通常习惯的参考速度——比如上例中的火车的速度。

以上例子说明，如果两个基本量（长度和时间）之间有确定的转换关系，我们就可以由其中之一得到另一个。因此，如果两种单位可以相互转化，应用时便可使用其中任意一个单位。

在我们的宇宙中，光速是一个常数——每秒 300 000 千米，它对于任何参照物或观测者来说都是不变的。所以长度和时间可以通过光速相互转换。

举个例子，天文学家用光年描述地球到恒星的距离。地球和南门二的距离大约是 4 光年，这句话的意思是：坐着以光速行驶的火箭，大约 4 年可以从地球到达南门二。当然，把距离转化成时间还有更深层的原因。爱因斯坦提出，空间和时间是同一事物的两方面。在相对论中，空间和时间事实上已经融合到一起，取而代之的是一个新的概念——时空。

相对论和时空转化

从数学角度看，将时空坐标转化为长度（L）单位很方便。但从物理学角度看，这就像说苹果等于橘子一样不可思议。那么时间怎样转换成长度呢？或许你已猜到，那就是用光速。通过光速，可以把“橘子”转化成“苹果”。

苹果等于橘子？

为了理解这个概念，下面介绍不同物理量的量纲。时间的量纲是[T]，长度的量纲是[L]，速度的量纲是距离除以时间（例如，10 千米/时）。因此，速度的量纲是[L]/[T]。时间和空间的关系表示为等式：

距离＝速度×时间

任何等式中，等式两边的量的数值应相同。另外，等式两边量纲也需相同，即“苹果”必须等于“苹果”。在上式中，左侧的量纲是距离[L]，右侧的量纲是速度[L]/[T]和时间[T]，速度和时间相乘，便与右侧的长度单位[L]一致。

$$\frac{[L]}{[T]} \times [T] = [L]$$

因此，从等式两边的单位来看，[L]=[L]成立。

这正是我们想要的结果，也就是“苹果等于苹果”。那么这个方法怎么推广呢？我们可以借助于光速这个概念。

如下图所示，在物理学中，我们通常用x_1、x_2和x_3表示三维空间（东—西、南—北、上—下）中的坐标，用t表示时间。这四个符号可以表示事件发生的地点和时间。但是，从相对论的数学角度看，时间t也可以用x_4表示，此时其量纲应该是长度[L]，由c与t相乘得到。现在，x_1到x_4都有相同的单位，即长度[L]，这样也就实现了光速与时间结合，得到以长度为单位的x_4。

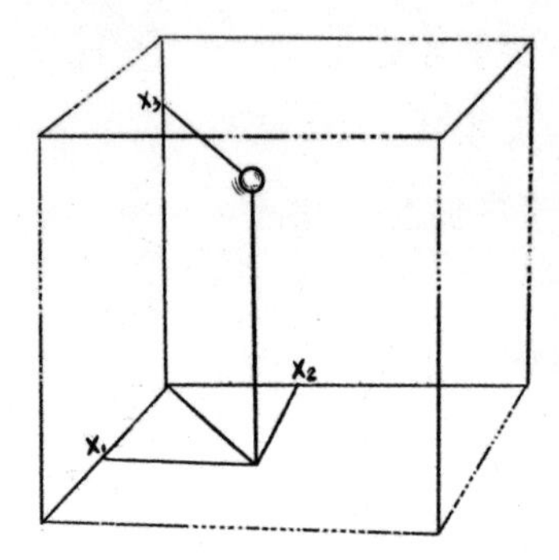

至此，所有维度的坐标x的量纲均为长度[L]。更重要的是，通过这种转换，我们消除了空间和时间的差异，这在平时生活中是没有办法做到的。而且，此时计算过程中已经不需要考虑光速。

在选择物理量和建立等式时，我们应该遵循最简原则，但同时首要是保证得到正确的答案，警惕在转换时迷失在各种符号中。

自然常量和基本单位

在科学研究中，选择正确的符号和假设非常重要。在哥白尼之前，人们相信太阳和所有行星绕着地球转，而哥白尼指出日心说才可以解释和预测太阳、月球和行星的运动。从地心说的角度来看，行星和太阳依据叫作“本轮”的复杂路径运动。这个路径由一些围绕着地心转动的小圆产生，这些圆的周长和地球行星的轨道一致。意外的是，基于这种系统，天文学家也能精确地预测行星的运动和日食的发生。

当哥白尼用日心说取代了地心说后，虽然一开始天体运动路径预测并不理想，但计算变得更简单，也更容易理解。

我们选择测量单位时也是基于同样的理念：既要实用，还要简洁。我们想要建立的是一个测量万物的系统，而不是专门针对某个运动建立系统。目前科学家已得到了众多的测量系统，它们各具优势。我们可以根据需求选择适用哪种测量系统。它可能很准确，也可能不准确。

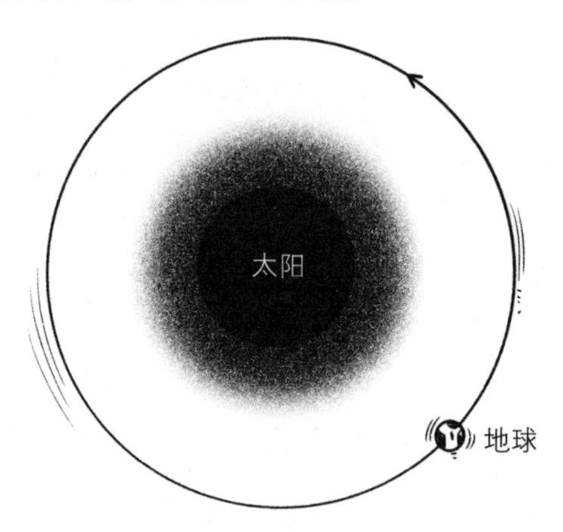

哥白尼的简单方法

例如，1956 年启用的历书秒，它在 1967 年被废除，至此这个时间标准在测量界失去了作用。第 9 章提到，历书秒可以用来克服地球自转引起的秒长变化问题。在这方面，它是有用的。但在校准方面，历书秒的校准需要经过 9 年天文观测，才能使精度达到 0.05 秒。这样的效率就太低了。

一方面，质量、时间和长度是可测、不可再分的基本单位。另一方面，从相对论的角度看，时间也可以与长度相互转换。

有一个常量ε_0，它被称作介电常数。这个常量表示自由空间与电子场的转换关系。ε_0时隐时现，取决于时间的模式。库仑定律指出了两个电荷（q_1和q_2）和它们之间的引力F的关系。在国际单位制中，这个关系是：

$$F=\frac{q_1q_2}{4\varepsilon_0\pi d^2}$$

而在早期的静电学单位（esu）中，上式表示为：

$$F=\frac{q_1q_2}{d^2}$$

对比这两个式子，ε_0去了哪里？

原来，在国际单位制中，电荷是一个以安培和秒定义的基本单位，不能用[L]、[M]和[T]表示，但是在静电学单位中，电荷不是基本单位，它的量纲是：

$$\frac{[M][L]}{[T]}$$

总的来说，在静电学单位中，ε_0被长度、质量等基本单位所构成的关系式所取代；而在国际单位制中，ε_0表示一个转化因子。所谓“鱼与熊掌，不可兼得”。如果想要使用很多基本单位，就会牺牲简洁性；而如果强调简洁性，那么就需要了解它与质量、长度和时间的内在关系。

如果所有基本单位可转化为频率进行测量，那么自然界的常量就都会简化成为类似ε_0的常量，称作“尺度因子”。而在此过程中，具体单位的选择主要取决于用户的需求。

科学家根据需要选择单位和测量方式。有时，选择还取决于他是实验科学家还是理论科学家。从理论物理学的角度，将时间转化为空间有很多好处。但理论的优势往往不利于实际测量。事实上，从标准测量的角度，最好用时间而不是空间的概念。

原因很简单。到目前为止，在对于所有基本单位的测量中，测量时间是准确度最高的。也就是说，应尽可能将所有基本物理量与时间相联系，这有利于提高测量准确度。因此，在1987年，人们重新定义了长度标准。接下来我们将讨论这是如何实现的。

单位的斗争：理论物理学与实验物理学

长度标准

17 世纪 90 年代，法国革命者试图将当时混乱的测量系统统一化。他们提议用“米”制系统，并把米定义为北极到赤道距离的 1/10 000 000。这个定义很容易理解，但对此实施测量却是件麻烦事。没有人知道赤道的确切位置，更不用说在当时还没有人到过北极。

远征的挪威人试图测量北极到赤道的距离，而伏尔泰评价“这些挪威人冒着生命的危险，去测量牛顿在扶手椅上发现的东西”。伏尔泰的观点是，人们需要用一个可测、便捷的标准来定义米。但直到 1889 年，科学家才将“米”定义为“常温下，米原器（铂铱合金条）上两端刻痕间的距离”。到 1960 年，这个只有约百万分之一的准确度的长度标准已经无法满足需求。同年，米被重新定义为稀有气体氪-86 光谱的橘红色光在真空中的波长的 165 076.73 倍。

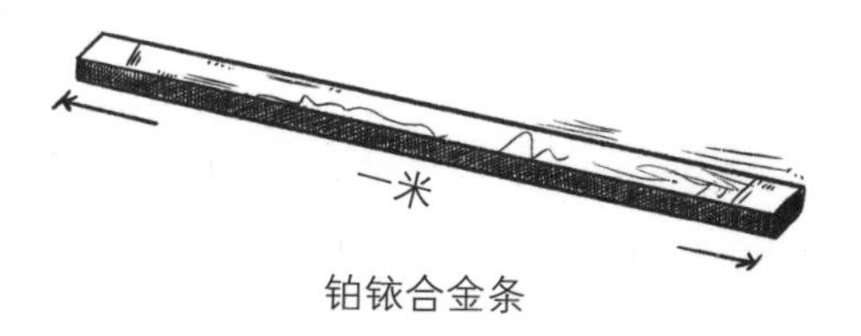

铂铱合金条

基于这个标准，米制误差得以减小到十亿分之四。也就是说，由这个米定义地球到月球的距离误差是 2 米。这个定义固然好，但是对于想要验证相对论效应和大陆漂移学说等前沿问题的科学家来说，它仍然存在一些问题。

1983 年，在巴黎举行的度量衡大会上，人们给出基于时间的新的米定义。

新的定义很简单：米是光在 1/299 792 458 秒内传播的距离。在做出这个新定义时，原子钟的准确度约是 $1/10^{13}$，而氪长度标准的准确度大约是 $4/10^{9}$。因此，新的定义将米的精度提高了约 5000 倍。

可惜的是，新长度标准实施起来并不容易。秒是用微波频率定义的，微波频率的波长约为 3.3 厘米。而长度测量需要使用光学设备，如干涉仪，但是光的波长远远小于 3.3 厘米。这便产生了测量的不一致性。一种直接的测量方法是制作一台微波频率干涉仪，但这个装置会非常庞大。

所以更好的选择是将微波领域的频率测量与光学领域的频率测量相结合。这个方法的主要内容是：搭建一个频率源链路，这个链路开始于铯频标的微波频率信号，然后转化为光学领域的频率。因此，1983 年新的米定义带来了一些喜人应用。

新的定义的一个优势是光速不再是一个“通过测量得到的量”，而是成为一个确定的常量。一米是光在某特定时间内传播的距离，根据这个定义，无论怎样定义距离——1 米、5 米等，光速都不变。像这样基于时间得到长度，是将一种单位转换为另一种单位的典型例子。这个转化是通过将光速作为一个定值实现的。

用频率测量电压

从计量学的角度，7 个基本物理量——时间、长度、质量、电流、热力学温度、物质的量和光强度——最好用一个基本单位表示，即时间。这是全世界私人或公开的实验研究达成的共识。我们无法回顾所有的相关工作，仅以已有丰硕成果之一的电压标准对此做一个介绍。电压不是基本单位，但它很简单地展现整个定义的过程。

在对时间的定义上，原子时的最大优势在于它是基于铯原子的固有频率。这个频率是固定的，因此所要做的就是找出测量频率的方法。这与之前由单摆定义的时间不同，单摆的频率取决于它的长度，而这个长度是人工制作出来的，并非固有属性。如果测量系统的所有单位都与自然界的固有特性相联系，这样科学家需要考虑的问题就会减少。

基于单摆的时间标准是宏观世界的定义方法，而基于原子共振频率的时间标准是微观世界的定义方法。从这个角度讲，所有的基本物理量最好都由微观世界定义，因为它们更准确。

电流的基本单位是安培，它是所有电测量的基本单位。它指单位时间内通过导线某一截面的电荷量。显然，这是一个宏观定义。

电压是指导线上两点间的电位差。显然，它也是一个宏观定义。而现在我们希望能在微观世界为电压和频率建立某种联系。

如下图，电路由电池（电压U）和电阻（阻值R）组成。电路中，电压、电阻和电流I之间存在联系。这个联系简单描述为：电流I取决于电压U和电阻R，增大电压，电流增大；减小电压，电流降低。增大电阻，电流降低；减小电阻，电流增大。这个关系表示为等式：

$$I=\frac{U}{R}$$

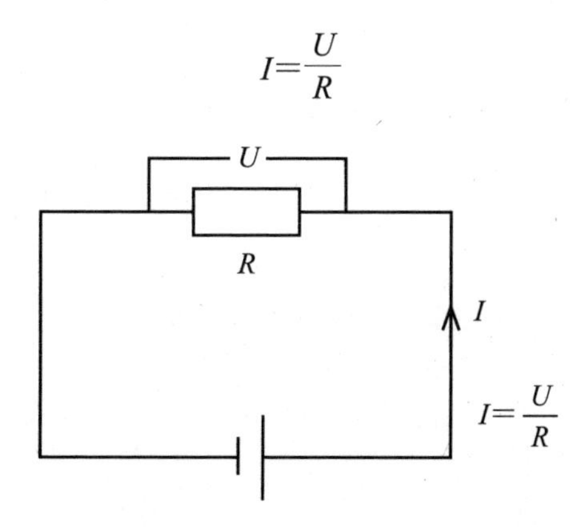

现在让我们来看另一个电路。如下图所示，将电路断开，用一个绝缘体代替刚才电路中的电阻部分。由于电路损坏且绝缘体的存在，电路中应该不会有电流。

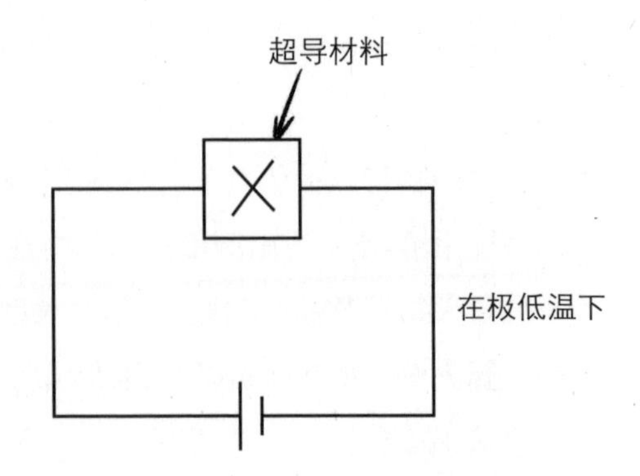

假设电路断开部分仅原子大小，用在极低温度环境下的超导材料来填补空隙。现在会有电流吗？答案是肯定的。这也是微观世界与宏观世界不同的一个例子。

电流会在这样的装置内流动的观点，是由英国物理学家布朗·约瑟夫森提出的。约瑟夫森的观点基于对量子运动的分析，量子运动理论适用于微观世界。基于约瑟夫森观点产生的回路，叫作“约瑟夫森结”，是一种由超导材料填充电路间缝隙的装置。

约瑟夫森不仅指出电流会在这种装置内流动，还提出其中的电流在某些环境下可能不是平滑的，而是以微波频率来回流动，这称为交流约瑟夫森效应。它与电压的关系是：

$$U=\frac{h}{2e}\times f$$

其中，f是微波频率，e是电子电荷，h是普朗克常数。这个公式体现了频率和电压的转换关系。

这个关系反过来也在微观世界中成立。也就是说，如果在电路中输入微波信号，同样也会产生电压，电压随着电流的增加而离散地增加，且增加量等于$\frac{h}{2e}$乘以f。据此，电压的测量精度可以直接由铯频率标准的测量精度确定。

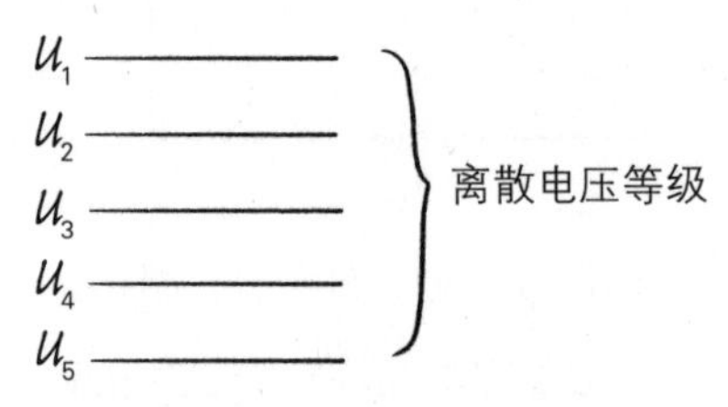

然而，在实践中存在的困难是，$\frac{h}{2e}$的值仅仅是每千兆赫兹（十亿赫兹）0.000 002 伏特。因此，仅用一个约瑟夫森结产生的校准电压很微弱，不利于测量。当今的技术已经可以批量生产约瑟夫森结装置，每个结的宽度仅几微米，就像胶片一样薄。通过将这些装置串联起来，就可以产生足够测量的电压。

学生的回答

在本章最开始的例子中，学生用卷尺测量井深。这是常规方法，但很明显，如果想要进行精确的测量，也许应该使用秒表和体重计，即将长度与时间测量联系起来，才是更好的方法。

23 未来的时间

地球上的资源面临枯竭，我们需要更有效率地利用现有资源，包括对信息进行规划、搜集、组织和监控，这些应用对时间和频率技术的需求日益增加。

用时间增加空间

时间和频率技术编织出一个巨大的网络，人们可以在其中保存文件、追踪轨迹、追溯信息。时间和频率技术水平越高，它可包含的信息就越多。时间和频率技术的发展，意味着“网络”分化更细致，因此会产生更多的存储空间，同时，也可以更迅速地确定空间的位置。为了说明这个问题，我们以一个交通和通信的应用为例。

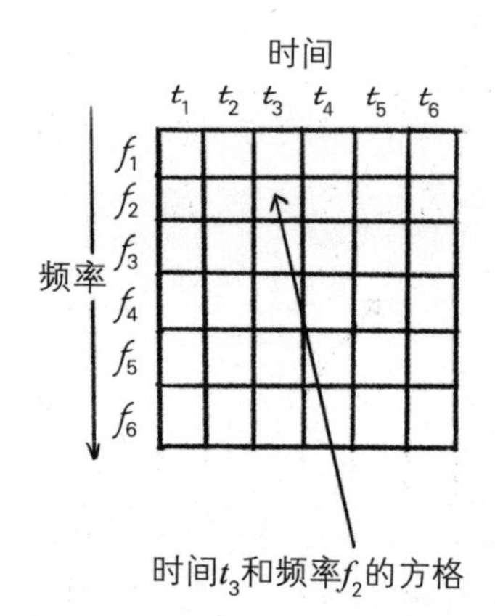

为了保证飞行安全，在飞机飞行时，其周围必须留有一块禁止其他飞机进入的空间。随着飞机速度增加，飞机周围的这块空间的体积也需要等比增加，这与在高速路上行驶的汽车类似，汽车加速后，它与其他车的距离也需要拉大。近年来，空中飞机的平均速度和数量都在迅猛地增长，这就需要严格地确定高空交通安全范围。

对此我们有两个选择：一个是限制空中交通；另一个是实行更有效的空中

交通管制，而后者意味着减少每架飞机的安全空间。现在，我们正在探索的就是既能允许更多的飞机飞行，同时又能保证安全的航运系统。

目前有很多方法可以达到这个目的。第一种方法是通过雷达或其他方式进行高空交通管制，使得飞机之间保持一定距离。当监测到飞机距离过近时，系统向飞机发出警告，而这些系统都由计算机、卫星监测站来自动控制。

第二种方法是由飞机自主提醒其安全范围内的其他飞机。一架飞机持续地发射脉冲信号，周围的飞机自动地接收信号，然后通过转发器重新反馈给这架飞机。任意两架飞机间的距离是脉冲往返路径延迟时间的一半，由此可以确定两架飞机的距离和相对位置。稍后介绍卫星的时间坐标时，我们还会提到这项双向技术。

第三种方法是利用飞机上装载的同步钟表发出的脉冲信号。比如，飞机A发送信号，5 微秒后到达飞机B。由于无线电信号以 1 微秒 300 米的速度传输，因此可知飞机A和B间距离约是 1500 米。

因为钟表间每一纳秒的同步误差会造成约 30 厘米的距离偏差，因此，这种方法对飞机上的时间同步要求非常严格。以上两种方法分别是典型的时间同步系统和非同步系统的例子。在非同步系统中，系统用转发器使飞机持续地接收和发射脉冲；在同步系统中，飞机仅仅需要接收在其周围区域的脉冲信号。如果有足够的无线电频率信号，转发器方法是最廉价的。但是，由于对无线电频率需求的增长，无线电频率资源变得越来越稀缺，因此，这个方法也日渐昂贵。同时，高质量的钟表反而越来越便宜。因此，同步系统会成为更经济的方法。

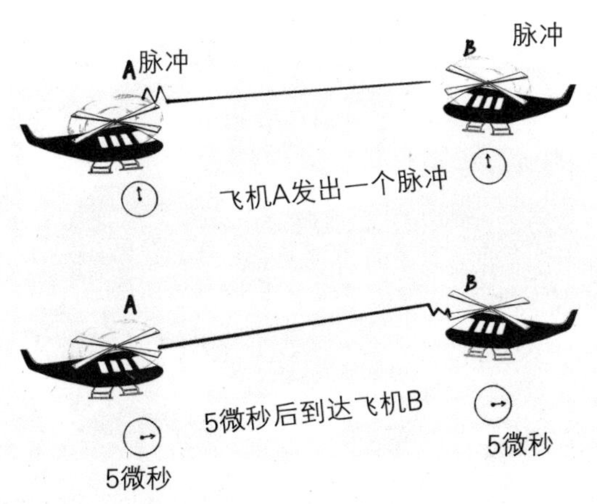

本书第 11 章提到，高信息速率的通信系统非常依赖时间和频率技术来保证信息得以正确地传递或接收。这些信息被分到无线电频谱的不同波段，再以广播无线电信号的方式传输。就像飞机需要安全空间，无线电频段之间也需要安全频率间隙。无线电频率空间资源是有限的，我们不能同时在同一个无线电频率空间中做不同的事。

为了更有效地利用无线电频率资源，我们需要在每个频段里尽可能多地打包信息，同时在频段之间保留尽可能小的安全频率间隙。高质量的频率信息特点之一是频段之间的间隙小，这是以信号频率的准确为前提的。通过选择合理的编码方式，我们能更好地结合时间和频率信息，从而使更多、更准确的信息打包进入每个频道。

仅载有一条信号的简单信号　　简单的接收机

在交通领域，我们制造出了高速飞机。在通信领域，我们发展出了支持更高速信息的技术。但是，只有确定它们可以准确且安全地抵达目的地，这些技术才是有用的。

在过去，人们认为世界是无限的，我们似乎拥有无限的飞行空间、无线电频率空间、能量和自然资源等。而如今，当这些看似无限的资源日益枯竭之时，我们需要有计划地使用它们。毫无疑问，时间和频率技术将会是人类提高效率最有价值的工具之一。

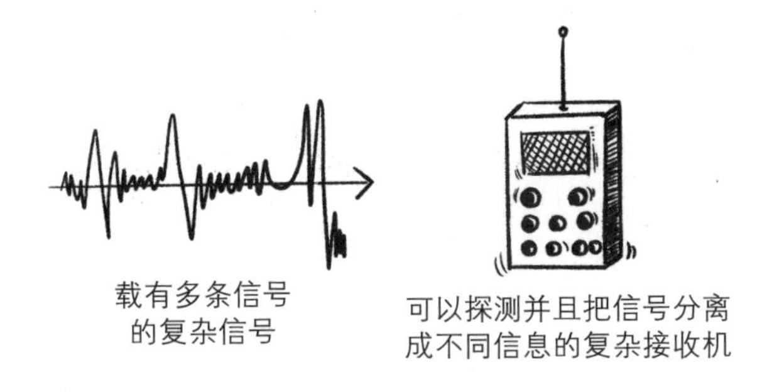

时间和频率信息——整体和局部

时间和频率信息的质量最终取决于两点：产生信息的钟表质量和传播信息的频道的可靠性。世界标准时间实验室产生时间，而世界标准时间和频率广播站给不同需求的用户传递时间。下面让我们来看看未来的时间系统会是什么样的。

时间发布

现在，时间和频率信息的发布已经非常广泛。我们有很多主要广播时间和频率信息的电台，如WWV。由于系统本身的需要，罗兰C和GPS这样的导航系统也会提供高质量的时间信息。WWV的广播优势在于，其发布的时间信息的形式针对用户需求进行了优化，主要包含定时信号和系统运行信息，使用方便。而导航信号的形式是为导航服务的，时间信息在里面只占一小部分，容易被忽略。

从有效利用无线电频谱的角度，一个信号服务的用户越多越好。但是，这样的多目标信号，对用户的要求也越高。用户必须把对其有用的信号抽离出来，然后将其转化成可用的形式。

在过去，广播时间信息的形式通常接近用户需求，可以最小化用户终端对信息的处理难度，这意味着接收装置可以相对简单且廉价。但是，这种方式却是在浪费无线电频谱资源。今天，随着晶体管、集成电路、微型计算机的发展，一些复杂的专业仪器的造价也大大降低，普通用户也可以使用这类仪器，从而为有效地利用无线电空间打开一扇门。

科技的发展，为接收机的复杂度和有效地利用无线电频谱之间搭了一座桥。但是，我们仍需要关注使用效率的问题。相比其他类型的信号，广播的时间信息是可预测的，因此其内容本身比较少。另外，所有标准的时间和频率广播站必须广播相同的信息。如果不同广播站播送不同的时间，就会引起混乱。事实上，世界各个国家应尽可能使其广播的时间一致。但是从信息的角度，这些广播站的信号是高度冗余的。

这种冗余还有另一种形式。比如WWV和GPS中都包含了多种时间信息。因为信号的格式不同，我们通常无法同时识别出广播里的冗余时间信息。当然，这种冗余不是偶然的，而是有意设计的，其目的是使时间信息可以从GPS信号中抽离出来，独立发挥作用。很多系统将其时间信息隐藏在信号中。比如电视机，家中接收到的电视信号画面与电视台现场直播时所使用的摄像机中的画面是同步的。

可能有人会怀疑，是否有必要用这么多的系统来广播同样的时间信息？是否可以用一个系统来广播时间信息？这个想法很好。但是，假设只有一个时间和频率信号服务于所有用户，一旦它停止工作，那么所有使用时间的用户系统都会出现问题，除非有备用系统。

对于统一的时间频率与冗余系统的平衡，不是三言两语可以得出结论的。从节约无线频谱空间的角度，统一的时间显然是最优的。但如果这个单一的系统出问题，修复它所需的成本也会十分可观。而冗余系统虽然浪费了无线频谱空间，但是它最大化地保证了时间系统运行的可靠性。

卫星时间广播比陆基广播覆盖范围大，例如印度的INSAT卫星广播的时间信号，不但覆盖区域广泛，而且达到微秒级的精度，用户使用也相对方便。

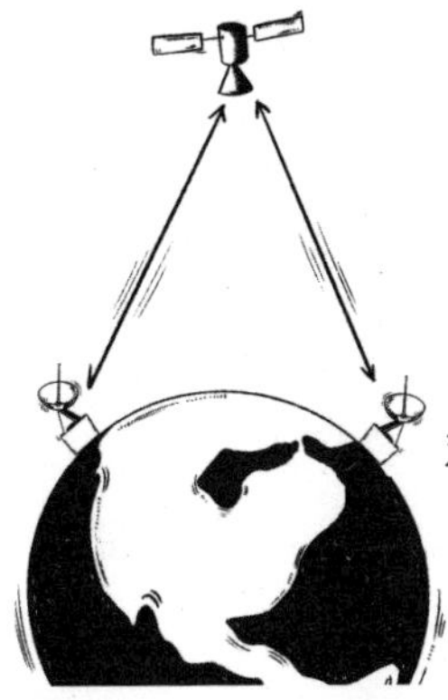

双向卫星时间对比

GPS上的星载原子钟已经成为国际时间比对的重要工具，但更高精度的比对还需要研究。例如，基于卫星的双向时间比对系统，在这个系统中，信号通过一颗通信卫星转发在两地之间双向传输，以此来比对两地的钟表。卫星转发器转发这两路信号，可以高精度地测量两站间的信号路径延迟。得到高精度的路径延迟，世界各地的时间就可以实现纳秒级的偏差。

激光和光纤技术的发展也为时间比对开辟了另一条研究道路。光纤通信系统可以给时间校准提供大带宽、优质信号和稳定的路径延迟。研究显示，基于光纤的双向信号传输技术可以使相距几千千米的时间传递远误差远小于1微秒。

未来的钟表——原子的内部节拍

回顾钟表发展的历史，可以总结出几个规律。第一，不断出现新的计时方法，如单摆、原子谐振器等。由于新方法的先天优势，它们会取代旧方法，同时使钟表精度产生一次飞跃。但是，没有任何一种振荡器是完美的。新的方法通常也伴随着缺陷。对于单摆，需要考虑由温度变化引起的单摆长度的变化；对于原子振荡器，需要考虑由于原子的碰撞引起的频率干扰。每个方法都带有系统性问题，这促使科学家不断努力，寻找新的解决方法。但有时这种探索事倍功半，这就是所谓的“瓶颈”。接下来，一个新方法出现，从而使研究前进一大步。同时，新方法也会成为旧方法的一种解决或补偿途径，即它成为旧方法的延续。今日原子钟是昨日石英晶体振荡器的延续，未来钟表也可能会是今日原子钟的延续。

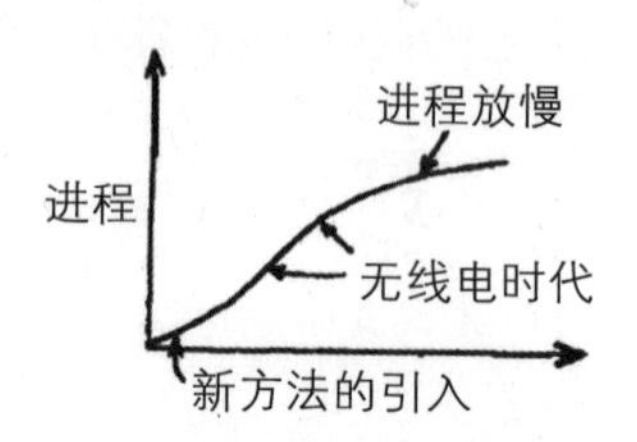

在 20 世纪 70 年代末，NIST 基准原子钟的时间准确度保持在 30 万年不差 1 秒的水平。今天，NIST-7 的时间准确度保持在 1000 万年不差 1 秒的水平，这个准确度的数量级改进是科学家多年不懈努力的结果。但是，正如本书第 7 章讲到的，科学家现在也面临一个重要的挑战，那就是如何使用少数原子，甚至一个原子来制造原子钟。

最初只有少数实验室做这种新的尝试，但近几年越来越多的科学家加入这支研究队伍中，只是还不清楚哪个方法最终会实现。事实上，很多方法都已取得了进展。在不久的将来，它们也许会进入时间标准体系这座金字塔内。

制造和改进钟表的能力，最终取决于人类对自然的认知。自然界存在四种基本的相互作用力。地球—太阳钟表受引力作用，原子钟内的电子受电磁力的影响，这两种作用力是经典物理的基础。

除此之外，现代物理认为还存在另外两种相互作用力。放射性元素衰变为另一元素的过程涉及弱相互作用力。当应用放射性物质溯源，比如确定岩石寿命或者古代有机材料的寿命时，我们就会遇到这个作用力。第四个也是最后一种相互作用力，叫作强相互作用力，这个力将原子核聚集起来。很多科学家相信这四种相互作用力之间存在联系。而已有实验证明，在电磁作用力和弱相互作用力之间存在弱电统一理论。同时，理论研究已将强相互作用力引入以上的作用力统一队列。或许在不远的将来，就会出现更具普遍性的大统一理论。但是，将引力纳入相互作用力统一的研究，迄今为止仍旧没有实质性的进展。

时间和频率技术无疑在形成新理论的过程中扮演了重要的角色。它将给新理论提供重要的数据支持。同时，时间和频率技术也会从这些新的、更具有普遍意义的理论中，获得更大的发展。

1958 年，德国物理学家鲁道夫•穆斯堡尔取得了一项既可以洞察自然本质，又可制造出更好的钟表的重大发现。他发现在某种情况下，原子核的辐射具有很高的稳定性。这种辐射被称为γ射线，它是一种高能的电磁波，而可见光是一种低能的电磁波。穆斯堡尔因为这项研究获得了诺贝尔物理学奖。

γ射线的品质因子（Q值）超过了 100 亿，而铯振荡器的Q值只有 1000 万。利用这种高Q值放射物，科学家开始验证爱因斯坦的理论：尽管光子没有质量，它们依然受重力作用。

就像自由落体的石头在加速的过程中获得动能一样，光子向地球运动的过程中也获得能量。然而，在相对论中，光速是最高速度，光子已是光速，因此它无法加速。因光能正比于频率，增加光子能量，则其频率也增加。利用高Q值的γ射线，科学家已经验证了爱因斯坦的理论。

在本书第 5 章中我们提到，电子在能级间跃迁中的频率越高，其释放时间也越短，因此想要制造出一台测量电子辐射的机器是很困难的。而高Q值的γ射线并非由能级之间跃迁的电子产生，它来自原子核内部。这种情况与跃迁的电子释放或吸收能量相似，原子核内部进行了重组，这个过程中释放出γ射线。这些核辐射的固有寿命，比同等频率下的等效原子辐射要长得多，这种核辐射可能成为下一个频率标准。

然而，还有两个问题需要解决。第一，对于将时间和长度标准结合起来的可能，目前我们仅进展到了将微波频率与光频率联系起来的地步。而对于γ射线频率，由于它们高于可见光频率10万到2000万倍不等，我们仍然对它束手无策。第二，必须找到一个能产生足够强度和纯度的γ信号的方法。现在还不能确定基于γ射线谐振器的时间是否会成为新的秒定义。但是，可以确定的是，有很多新方法值得深入探索。因此，获得更高Q值钟表的可能性依然存在。

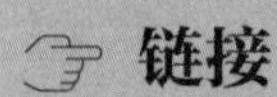

链接

超光速粒子

前文简单介绍了四种基本的相互作用力及它们之间的联系。相对论指出，所有物体的运动速度都不超过光速。物体运动速度的增加，需要更多的能量输入，直至达到光速这个上限。

但是，对于速度已经超过光速传播的粒子来说，它的运动会是怎样的？这样的粒子叫作“快子”。它是一种假设的亚原子粒子，其质量是虚数，而速度总是超过光速。

快子一旦产生，就具有大于光速的速度。它的速度随能量的消耗而无限增加。当能量趋于零时，其速度趋于无穷大。要使它的速度减小，必须为它提供能量。如要使其速度减小到光速，则必须供给它无限大的能量，因此快子速度不可能低于光速。

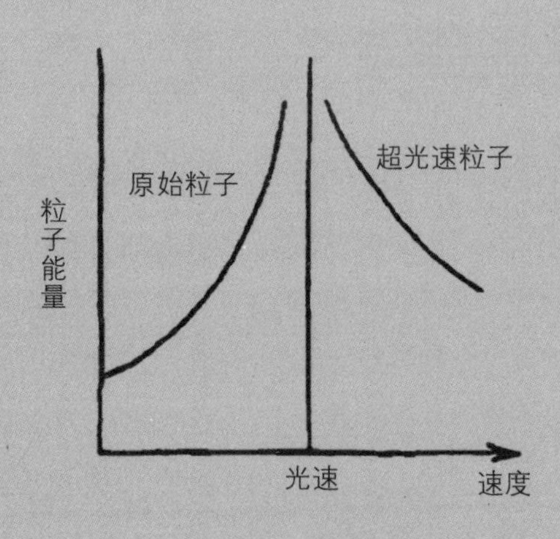

这与时间有什么关系呢？根据洛伦兹变换，快子从一个坐标系转换到另一个坐标系的过程中，可能改变时间的顺序，即发生时间倒流或因果颠倒。另一方面，负能量的出现，将意味着任何一个物理系统可能因为无限地释放快子而处于不稳定状态，系统能量将无限地增加。需要说明的是，即使无限地产生快子，也不会破坏能量守恒定律，同时也不会改变真空中的总能量。

对后一个现象，我们可以将一个具有负能量的粒子看作其先被吸收，然后再发射的过程。这样一来，负能量与时间倒流和正能量与时间顺流的物理意义完全一样，因而变换坐标系后物理定律依然适用。但我们仍无法解释因果颠倒（时间倒流）问题。

如果快子存在，会迫使人们跳出目前的理论框架，克服早已形成的观念，对自然的认知更进一步，从而对人类科学技术，乃至日常生活，产生巨大而深远的影响。但是，还未有实验验证它的存在。

未来时间尺度

守时的任务是使时间尽可能地保持一致。随着原子钟的发展，由它们产生的时间稳定程度比起过去依靠观测日月运动所得到的时间有了很大的提高。正如我们所看到的，天文导航和农业领域需要依靠地球相对太阳的角度和位置。但是，通信系统却不关心太阳的因素，对于它们来说，时间一致才是最重要的。

现在的守时系统——UTC是以上两者的折中。但是，人们在计时上努力的方向似乎是朝着时间的一致性，而非“地球—太阳”时间的方向。导航领域越来越依靠电子导航系统，闰秒的使用可能会成为未来科学家的挑战。或许我们可以让历书时和原子时间时差累积起来，以后每100年，或者1000年修改一次。但是，在做出原子时是最准确的时间的结论之前，我们可能需要先回顾一下其他改变时间的尝试，并且确定没有再进步的可能性。

标签的问题——1秒是1秒的1秒

世界上越来越多的测量单位基于十进制，或者10的幂量级。举个例子，100厘米等于1米，1000米等于1千米。但是，有没有100秒等于1小时，或者10小时等于一天的系统？秒的子单位是基于十进制系统，例如，毫秒（0.001秒）和微秒（0.000001秒）。那么以此类推，或许也应该有“十进制天”单位，1个十进制天等于2.4个小时，而一个“厘天”是14分24秒，1个“毫天”是86.4秒。

关于十进制钟表的研究已经不新鲜。事实上，十进制钟表于1793年在法国提出，但这个尝试仅仅持续不到1年，并没有得到大众的接受。

会有十进制时间到来的一天吗？答案是可能的。但这个问题更多是在于政治、心理的层面，还有经济层面，而与真正技术的关系不大。

历史上的时间

时间是波动且改变的：

你不可能两次踏进同一条河流。

——赫拉克利特（公元前535—公元前475）

时间包含测量和顺序：

时间是序列顺序运动数量的表现。

——亚里士多德（公元前384—公元前322）

时间和空间是绝对且相异的：

绝对、真实和数学性，是时间的本质属性，它不受外界影响。

——牛顿（1642—1727）

时间和空间是相对的：

没有绝对空间，两个事件之间也没有绝对时间，而绝对的时间和空间关系是存在的。

——爱因斯坦（1879—1955）

时间到底是什么？

关于时间的概念已经很多。但是，到底什么是时间？当爱因斯坦研究关于绝对空间和绝对时间的牛顿运动定律时，他开始思考这个问题。速度（千米每小时）这个概念与空间、距离和时间相关。那么，如果绝对空间和绝对时间存在，是否存在绝对速度，也就是说没有参考系的速度？一架飞艇以相对地面每80千米/时的速度运动。这里的参考系是地面。但是，如果没有参考系，该怎样测量速度？事实上，当牛顿研究绝对空间和绝对时间的时候，他已经内在地暗示了这个问题。

爱因斯坦认为时间和空间仅仅是在参考系下，才有意义。没有参考系，时间和空间便失去意义。为了避免无意义的概念，科学家试图根据实践来定义基本概念。也就是说，测量时间比定义时间更重要。如果想要知道一秒有多长，就需要制作一台仪器，将铯原子的振动周期累加起来。

最后，对于科学家来说，重要的是这个由实践方法定义的时间应避免混淆和误解。但是，根据历史这个向导的指引，最终的结果仍未知。即使结果已知，对时间的认识仍旧在人们力所能及之外。就像约翰·伯顿·桑德森·霍尔丹所说："宇宙不仅比我们想象的更奇异，而且超出了我们能想象的奇异。"

译后记

《从日晷到原子钟：时间计量的奥秘》是一部由美国国家标准与技术研究院（NIST）推出的关于时间频率的经典作品。我在攻读博士学位期间，偶然发现了这本书的英文版，读完以后，我和导师决定将它翻译成中文，因为它不仅仅可以为像我这样的科研新人搭建一个知识体系，也可以给对时间频率技术感兴趣的读者作为入门参考，更可以作为青少年的科普读物。

然而，翻译图书的目标是美好的，却没有料到过程会艰辛且漫长。把自己从读者的角色转换为翻译者的角色，只是一瞬间的事情，可随后遇到的翻译困难却远超预想。

首先，作为非英语专业出身的科技工作者，哪怕把一句简单的英文句子翻译成通顺、易懂的中文，都需要字斟句酌。比如原书中的被动语句，如果直接翻译成中文，既不符合通常的说话逻辑，也不适合中文书面表达，这就需要我在翻译时转换表述方式和思维习惯。

其次，对于一些专业理论的英文描述，转换成中文后不仅要考虑语句的通顺，还要顾及理论的准确表达。例如对爱因斯坦相对论的举例描述，对于非专业人士，理解起来本来就需要花些时间，然而将其用书面文字，言简意赅地表述出来就更为费力。作为译者，最担心的是表达不准确，甚至曲解了作者的原意，给读者传达了错误的知识信息。因此，随着翻译进程的深入，翻译这本书的压力也不断增加。

最后，翻译过程的耗时超出了我的预期。仅仅是翻译初稿，我就用了近一年的时间。对于一些重点内容描述，还需要反复阅读数十遍，然后查资料确认，译出相应的句子，最后经过几次修改，才形成初稿。有时，甚至需要请同事帮忙，看看句子翻译是否通顺，表达是否清晰、准确。凡此种种，在书稿成形前，不断地推翻重来、反复确认，如此的经历循环往复。初稿完成后，我的合作者李孝辉研究员和刘娅研究员，开始了校译工作，他们具有良好的学术素养和优异的表达能力，确保了书稿翻译的科学性。我们三人既对翻译文字的准确性和流畅性进行不断推敲，也对书稿中涉及的学术问题进行过深入探讨，在这样融洽、求真的合作氛围中完成了书稿的翻译。

自始至终，我和我的合作者，都是以严谨的态度对待翻译著作这件事，希望对读者负责，同时也不辜负一位科技工作者对于科学的敬畏之心。书稿翻译完成，在慨叹翻译工作艰辛和艰难的同时，更体会到科学研究的不易。单从时间频率领域，从早期的结绳记事到如今的量子力学、卫星导航，科学的发展是漫长且艰辛的。科学就像一座永无顶点的山峰，无数科学家、发明家，甚至冒险家在攀登山峰过程中经历失败和绝望。在翻译这本书的过程中，我也能够感同身受，体会一二。由此，让我更加珍惜如今所处的良好的学术氛围和所享受的各种便利的科研条件，也体会到作为一名科技工作者所承担的沉甸甸的责任。

通过此次的翻译工作，我和我的合作者都感触良多，虽不能一一列出，但我们会将这些感悟化作日后工作的动力，不断地驱使自己以严谨的态度对待科学研究。

如果我们翻译的书稿能为读者提供一些有益的启发，我们会倍感欣慰。

任烨
于陕西西安
2021 年 12 月